科普图书馆

“领先一步学科学”系

体验大自然

主　　编　杨广军
副 主 编　朱焯炜　章振华　张兴娟
　　　　　胡　俊　黄晓春　徐永存
本册主编　冯　翀
本册副主编　鲍璐璐　徐永存　巩　婷

上海科学普及出版社

图书在版编目（CIP）数据

体验大自然／杨广军主编.—上海：上海科学普及出版社，2013.7(2023.7重印)
(领先一步学科学)
ISBN 978-7-5427-5793-7

Ⅰ.①体…　Ⅱ.①杨…　Ⅲ.①自然科学-青年读物②自然科学-少年读物　Ⅳ.①N49

中国版本图书馆 CIP 数据核字(2013)第 107155 号

组　　稿　胡名正　徐丽萍
责任编辑　刘湘雯

"领先一步学科学"系列
体验大自然
主编　杨广军
副主编　朱焯炜　章振华　张兴娟
胡　俊　黄晓春　徐永存
本册主编　冯　翀
本册副主编　鲍璐璐　徐永存　巩　婷
上海科学普及出版社出版发行
(上海中山北路 832 号　邮政编码 200070)
http://www.pspsh.com

各地新华书店经销　北京一鑫印务有限公司印刷
开本 787×1092　1/16　印张 13　字数 200 000
2013 年 7 月第 1 版　　2023 年 7 月第 3 次印刷

ISBN 978-7-5427-5793-7　　定价：39.00元

卷首语

同学们，你是否为学习的辛苦而苦恼？你是否因课业的繁重而乏味？其实，有时换个方式学习，扔掉书包，走进自然，你会感受到意想不到的沉醉。

当你累了的时候，试着从身边寻找，你会采摘到很多别样的知识花蕾；当你仰望蓝天，脚踩大地，与花鸟鱼虫相伴，与清新空气相偎，你可知道，这些平凡的生活背后，却又隐藏着怎样的科学精髓？

自然中充满着奥秘百味，人们在自然中生活，在生活中发展，在发展中跟随奥秘的踪迹一步一步地追，同时一步一步地积累。科学就在你身边，让我们一起，一起牵着奥秘的手漫游，执著不悔，乐而忘归……

目 录

·我们的地球·

·季节与天气·

·植物世界·

·动物王国·

我们的地球

人类开始真正认识这个居住的星球不过才几千年的时间，可到现在为止人类对这星球的索取远远多过我们对它的了解。我们了解到，我们身边有丰富的动植物资源。我们还将看到，我们的身边还有丰富多彩的地理环境。它们之间的相互融合，共同构筑了我们这个美丽的家园，了解和保护我们的家园是我们每个人应尽的义务，因为我们是高智慧生物。

蓝色的生命家园——地球

我们很多人都知道地球是球形的，它很巨大，可它到底有多大？地球这个叫法从何而来？在科技比较落后的过去，科学家是如何对地球进行了解的？这些都是难以回答的问题吧。下面就来初步认识一下我们脚下的这个美丽的星球。

◆八大行星

初识地球

虽然人类文明史已有数千年，但直到16世纪中期，人类才了解到地球只不过是太阳系的一颗行星而已。

地球是太阳系从内到外的第三颗行星，也是太阳系中直径、质量和密度最大的类地行星。它也经常被称作世界。这个行星是太阳系八大行星之一，它与太阳的平均距离为14960万千米，在行星中排第三位。科学家约过长期的精密测量，发现地球并不是一个规则球体，而是一个两极稍扁．赤道略鼓的不规则球体。地球的赤道半径约长6378.137千米，其大小在八大行星中列第五位，这点差别与地球的平均半径相比，十分微小，从宇宙空间看地球，仍可将它视为一个规则球体。如果按照这个比例制作一个半径为1米的地球仪，那么赤道半径仅仅比极半径长了大约3毫米，凭着人的肉眼是难以察觉出来的，因此在制作地球仪时，总是将它做成规则球体。

从太空中看到的地球是一个蔚蓝色的星球，因为地球表面积71%为水所覆盖，正因为有了如此丰富的表面覆盖水，才令我们的星球如此美丽。地球是太阳系唯一在表面可以拥有液态水的行星。液态水是我们已知的生命形式所不可或缺的要素；而缘于水具有的大比热性质，海洋的热容积成为保持地球温度恒定的一大功臣；液态水还是陆地上侵蚀与风化作用的主要动力源，这也是能形成丰富多彩的地理环境的重要因素。

你知道吗？

地球名字的由来

英语的地球 Earth 一词来自于古英语及日耳曼语，最初是大地的意思，随着人类认识的不断提高，逐渐引申为地球之意。而汉语的“地球”一词，经考证是到了明朝时才被用来描述这个星球，那时一位叫利玛窦的意大利传教士在向中国皇帝进献的世界地图中，第一次使用“地球”一词来表述世界。此后，汉语“地球”一词开始沿用至今。

名人介绍——利玛窦

◆利玛窦

利玛窦（1552～1610 年），意大利的耶稣会传教士，学者。原名玛提欧·利奇，利玛窦是他的中文名字，号西泰，又号清泰、西江。明朝万历年间来到中国居住，在中国颇受士大夫的敬重，尊称为“泰西儒士”。他是天主教在中国传教的开拓者之一，也是第一位阅读中国文学并对中国典籍进行钻研的西方学者。他除传播天主教教义外，还广交中国官员和社会名流，传播西方天文、数学、地理等科学技术知识。他的著作不仅对中西交流作出了重要贡献，对日本和朝鲜半岛上的国家认识西方文明也产生了重要的影响。

《交友论》是利玛窦用中文写作的第一部著作。1595 年到达南昌以后，利玛窦就将《交友论》分赠给当地的达官贵人。“这部《交友论》使我赢得了人们的信任，同时也使人认识了我们欧洲的作为。这部作品是文学、智慧和德行的结晶。”（利玛窦 1599 年书信）带着西学而来的利玛窦开展了晚明士大夫学习西学的风气。由明万历至清顺治年间，一共有 150 余种的西方书籍翻译成中文。

利玛窦带来的各种西方的新事物，吸引了众多好奇的中国人。特别是他带来的地图，令中国人眼界大开。1584 年利玛窦制作并印制《山海舆地全图》，这是中国人首次接触到了近代地理学知识。而利玛窦制作的世界地图《坤舆万国全图》是中国历史上第一张世界地图，在中国先后被 12 次刻印。之后还传到了日本。就是在这幅地图里，利玛窦在一篇署名文章中使用了“地球”一词来代表这个世界。这也是最早的使用“地球”一词的记录。

> 《利玛窦传》一书的日本作者平川佑弘称利玛窦是“人类历史上第一位集欧洲文艺复兴时期的诸种学艺，和中国四书五经等古典学问于一身的巨人。”他还将利玛窦看作是地球上出现的第一位“世界公民”。美国《生活》杂志亦将他评为公元第二千年内(1000～1999年)最有影响力的百名人物中的一员。

1610 年（万历三十八年）5 月 11 日，利玛窦病逝于北京，赐葬于平则门外的二里沟。

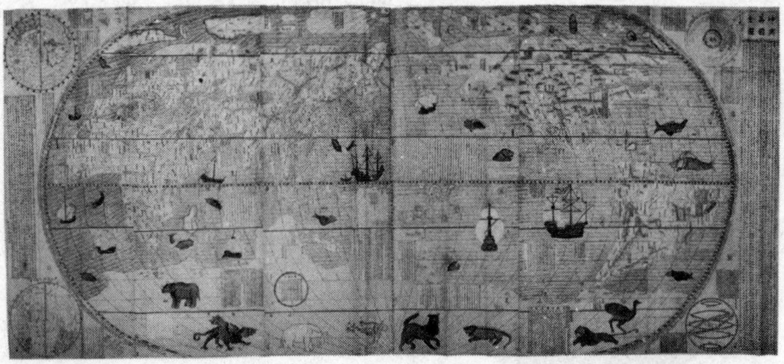

◆《坤舆万国全图》

深入了解

地球大气组成中，78％是氮气而 21％是氧气，其余的是微量的氩、二氧化碳及水汽。地球初形成时的大气很可能大部分都是二氧化碳，不过它们大多已被碳酸盐类岩石结合，其余的则是溶入海洋及被绿色植物耗尽；如今板块构造运动及生物作用是大气中二氧化碳消长的持续主控者。大气中存在的水汽及微量二氧化碳所造成的温室效应，对维持地表温度有极重要的作用，温室效应使地表温度提高了大约 35℃，否则地表的平均温度将是酷寒的－21℃！若没有水汽及二氧化碳，海水会冻结，而我们已知的生

◆蓝色家园

命形式将无从开展。此外，水汽更是地球水循环及天气变化中不可或缺的要素。由此可见，水对于我们这个星球是多么重要，这个生命赖以生存的资源是需要我们大家共同来保护的。

地球由于不同的化学成分与地质性质被分为不同的岩层（深度：千米）：

0～40 地壳

40～2890 地幔

2890～5150 外地核

5150～6378 内地核

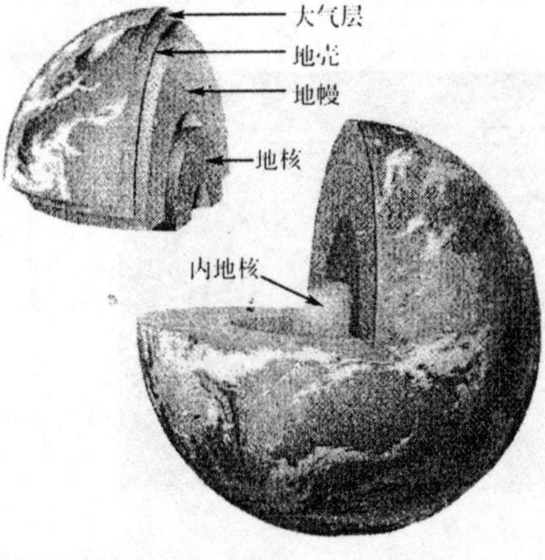

◆地球结构图

固态的地壳厚度变化颇大，海洋地区的地壳较薄，平均约 7 千米厚；而大陆地壳就厚得多，平均约 40 千米厚；地幔也是固态，不过在它上部有一层极小部分熔融的区域，称为软流圈，其上的地幔最顶部及整个地壳则称为岩石圈；至于外地核是液态而内地核是固态。

地幔占有地球的主要质量，地核反而位居其次，至于我们生存的空间则只是整个地球极小的一部分而已。

地核可能大多由铁构成（或镍/铁），虽然也有可能含有一些较轻的物质。地核中心的温度可能高达 7500℃，比太阳表面还热；下地幔可能由硅、镁、氧和一些铁、钙、铝构成；上地幔大多由铁/镁硅酸盐、钙、铝构成。地壳主要由石英（硅的氧化物）和类长石的其他硅酸盐构成。就整体看，地球的化学元素组成为：34.6％铁，29.5％氧，15.2％硅，12.7％镁，2.4％镍，1.9％硫，0.05％钛，3.65％其他元素。氧气的存在也是地球化学组成的一大特征，因为氧是活性很强的气体，照理说应该很容易就和大气中其他元素相化合，地球上的氧气完全是由生物作用产生及维持，若没有生命就不会有氧气。

万花筒

地球历史

地球的大部分表面很年轻，只有5亿年左右，以天文的角度来看确实很短。但也有很少的地万露出了当年地球地壳形成时的基底——花岗岩，如中国辽宁省葫芦岛市绥中县就有裸露，由于形成花岗岩时的冷却时间长，所以花岗岩内的结晶体发育都非常好，边长在1～2厘米。由于侵蚀作用及构造地质运动，大部分地表不断地遭到破坏而又重建，因而地表早期的地质记录不容易找到，例如撞击坑，所以早期地球历史大部分都已不见踪迹。地球年龄约有45亿～46亿年，然而目前已知最古老的岩石年龄只有大约40亿年（地球有相当长的一段时期是一个由熔化的岩浆形成的火球），而且老于30亿年的岩石非常罕见。最老的生物化石不早于39亿年前，有关生命起源的关键时期则毫无记录。

讲解．为什么地球中心热？

地球深处的热量有3个主要来源：(1) 地球形成时生成的热量；(2) 地核物质下沉至地心时磨擦产生的热量；(3) 放射性元素衰变产生的热量。地球热量的释放需要相当漫长的时间。这种释放通过液态外核和固态地幔中的热“对流”，以及边界层（如地球表面的板块）内速度较慢的热“传导”来实现。结果是地球原生热量的大部分被保留了下来。

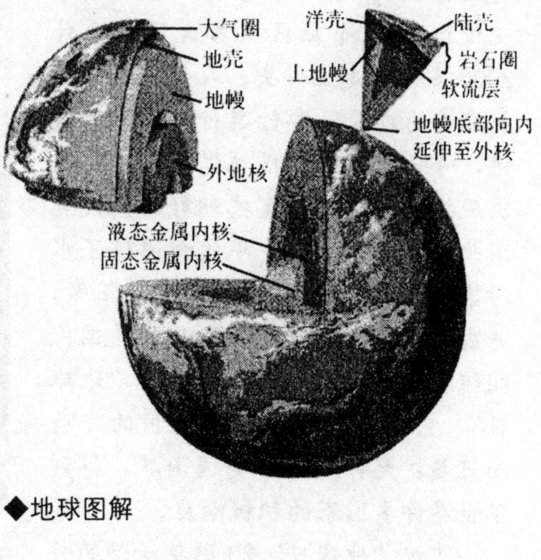

◆地球图解

总之，地球诞生之初产生了大量的能量，由于地球无法很快冷却

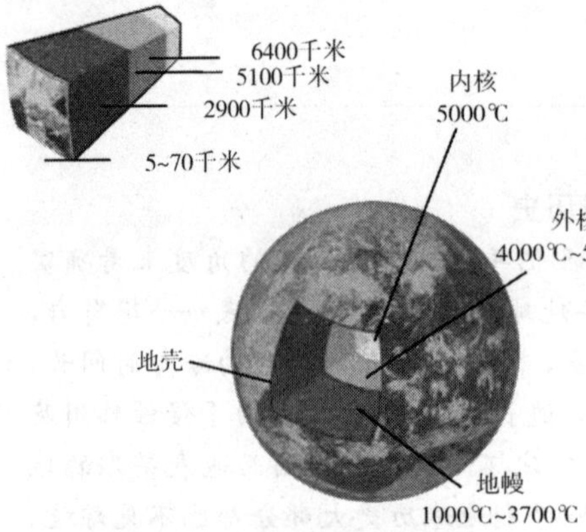

◆地球内部温度图解

下来，便造成了地球内部持续的高温。事实上，除地球板块像毯子一样起到保温作用外，固态地幔中的热对流也不能提供使热量得到有效释放的机制。不过，地球通过促使板块构造运动（尤其是在大洋中脊处）的过程也确实释放了一些能量。科学家主要借助铁在超高压状态下的熔化特性来估计地球深处的温度。

广角镜——地球日

1970 年 4 月 22 日，在太平洋彼岸的美国，人们为了解决环境污染问题，自发地掀起了一场声势浩大的群众性的环境保护运动。在这一天，全美国有 10000 所中小学、2000 所高等院校和 2000 个社区及各大团体共计 2000 多万人走上街头。人们高喊着保护环境的口号，举行游行、集会和演讲，呼吁政府采取措施保护环境。这次规模盛大的活动震撼朝野，促使美国政府于 20 世纪 70 年代初通过了水污染控制法和清洁大气法的修正案，并成立了美国环保局。从此，美国民间组织提议把 4 月 22 日定为“地球日”，它的影响随着环境保护的发展而日趋扩大并超越了美国国界，得到了世界许多国家的积极响应。

◆地球日纪念明信片

庆祝“地球日”20 周年活动的呼

吁，得到了五大洲各国和各种团体的热烈响应和积极支持。美国总统布什宣布，把4月22日作为美国法定的地球日，并呼吁公民积极投身到改善环境的行动中去。“1990年地球日”协调委员会主席丹尼斯·海斯事先拜访了伦敦、巴黎、罗马、波恩、布鲁塞尔等地的活动小组，并得到明确的答复，同意将1990年的地球日作为国际地球日进行纪念。亚洲、非洲、美洲的许多国家和地区也都积极响应，组织纪念活动。众多的国际组织如国际学生联合会、青年发展与合作协会等，也都表示大力支持和积极参与“地球日”20周年纪念活动。1990年4月22日这一天，全世界有100多个国家举行了各种各样的环境保护宣传活动，参加人数达几亿人。从那时起，“地球日”才具有国际性，成为“世界地球日”。

2010年地球日主题：保护地球，绿色行动。

◆地球日

世界地球日活动旨在唤起人类爱护地球、保护家园的意识，促进资源开发与环境保护的协调发展。中国从20世纪90年代起，每年4月22日都举办世界地球日活动。

海陆的起源——大陆漂移学说

我们脚下的大地无时无刻不在移动。说到这里估计大家会难以置信，为什么我们没有感觉呢?·其实不然。我们地球从诞生那天开始，整个地壳就是几块组成的，并不是一个完整的球壳，有了海洋之后，形成原始大陆，经过亿万年的移动演变，才有了我们今天的地球各个大陆，我们把这样的大陆移动，形象地称作大陆漂移。

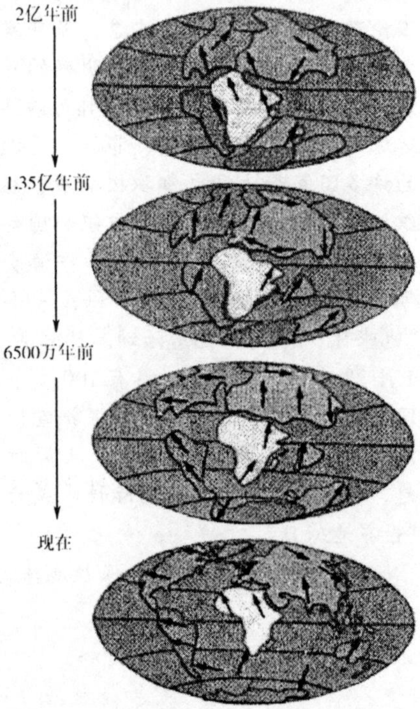

◆大陆漂移过程

大陆漂移的证据

1912年阿尔弗雷德·魏格纳正式提出了大陆漂移学说，并在1915年发表的《海陆的起源》一书中作了论证。由于不能更好地解释漂移的机制问题，当时曾受到地球物理学家的反对。20世纪50年代中期至60年代，随着古地磁与地震学、宇航观测的发展，使一度沉寂的大陆漂移说获得了新生，并为板块构造学的发展奠定了基础。

> 世界地球日活动旨在唤起人类爱护地球、保护家园的意识，促进资源开发与环境保护的协调发展。中国从20世纪90年代起，每年4月22日都举办世界地球日活动。

原始泛大陆存在及大陆破裂、漂移的证据主要有：大西洋两岸的海岸线相互对应，特别是巴西东端的直角突出部分与非洲西岸呈直角凹进的几内亚湾非常吻合。

大西洋两岸的美洲和非洲、欧洲在地层、岩石、构造上遥相呼应。例如北美纽芬兰一带的褶皱山系与西北欧斯堪的纳维亚半岛的褶皱山系相对应，都属早古生代造山带；非洲南端和南美阿根廷南部晚古生代构造方向、岩石层序和所含化石相一致。相邻大陆特别是大西洋两岸古生物群具有亲缘关系，如巴西和南非石炭—二叠系的地层中均含一种生活在淡水或微咸水中的爬行类—中龙化石，而迄今为止世界上其他地区都未曾发现；又如主要生长于寒冷气候条件下的舌羊齿植物化石广泛分布于非洲、南美、印度、澳大利亚、南极洲等诸大陆的石炭—二叠系地层中；而这些大陆所在的气候带却不相同；石炭纪—二叠纪时在南美洲、非洲中部和南部、印度、澳大利亚都发生过广泛的冰川作用；这些地区除南美洲和南极洲外，目前都处于热带或温带地区；与此同时，在北半球除印度以外的广大地区并未找到确切的晚古生代冰川遗迹，相反却见到许多暖热气候的生物化石。这表明上列出现古冰川的诸大陆在当时曾相连接，为一块统一的大陆。

名人介绍：魏格纳与大陆漂移说

阿尔弗雷德·魏格纳是德国气象学家、地球物理学家，1880 年 11 月 1 日生于柏林，1930 年 11 月在格陵兰考察冰原时遇难。

◆魏格纳

魏格纳以倡导大陆漂移学说闻名于世，他在《大陆和海洋的形成》这部不朽的著作中努力恢复地球物理、地理学、气象学及地质学之间的联系——这种联系因各学科的专门化发展被割断——用综合的方法来论证大陆漂移。魏格纳的研究表明科学是一项精美的人类活动，并不是机械地收集客观信息。在人们习惯用流行的理论解释事实时，只有少数杰出的人有勇气打破旧框架提出新理论。但由于当时科学发展水平的限制，大陆漂移由于缺乏合理的动力学机制而遭到正统学者的非议。魏格纳的学说成了超越时代的理念。

1910年的一天，年轻的德国气象学家魏格纳意外地发现，大西洋两岸的轮廓竟是如此相对应，特别是巴西东端的直角突出部分，与非洲西岸凹入大陆的几内亚湾非常吻合。自此往南，巴西海岸每一个突出部分，恰好对应非洲西岸同样形状的海湾；相反，巴西海岸每一个海湾，在非洲西岸就有一个突出部分与之对应。这难道是偶然的巧合？这位青年学家的脑海里突然掠过这样一个念头：非洲大陆与南美洲大陆是不是曾经贴合在一起，也就是说，从前它们之间没有大西洋，是由于原始大陆分裂、漂移，才形成如今的海陆分布情况的？第二年，魏格纳开始搜集资料，验证自己的设想。他首先追踪了大西洋两岸的山系和地层，又考察了岩石中的化石，而后又考察了冰川遗迹，这些都证明了这个设想是可行的。

魏格纳提出的地球漂移说长期以来处于理论的革命阶段，直到20世纪50年代中期，不断发现的新证据才越来越对大陆可能运动的假说有利。但直到20世纪60年代，一场地球科学革命才真正发生。

知识窗

早在1620年的时候，英国的哲学家、政治家弗朗西斯·培根就在地图上观察到，南美洲东岸和非洲西岸可以很完美地衔接在一起。但是培根之后将近300年的时间里，竟然没有一个科学家认真思考过，为什么大洋两岸的陆地竟可以严丝合缝地拼在一起。许多人也许在心里有过疑问，但是却都没有去行动。最终，历史将荣誉授予了一位德国人——魏格纳。

板块构造学说

板块构造，又叫全球大地构造。所谓板块指的是岩石圈板块，包括整个地壳和莫霍面以下的上地幔顶部，也就是说地壳和软流圈以上的地幔顶部。莫霍面是指地壳与地幔间的分界面，它是南斯拉夫地震学家莫霍洛维奇于1909年发现的，故以他的名字命名，称为莫霍洛维奇不连续面，简称莫霍面（或莫氏面）。

地幔与上下层不同物质的分界处称为不连续面。外面的被命名为莫霍不连续面，深处的则是古登堡不连续面。

新全球构造理论认为，不论大陆壳或大洋壳都曾发生并还在继续发生

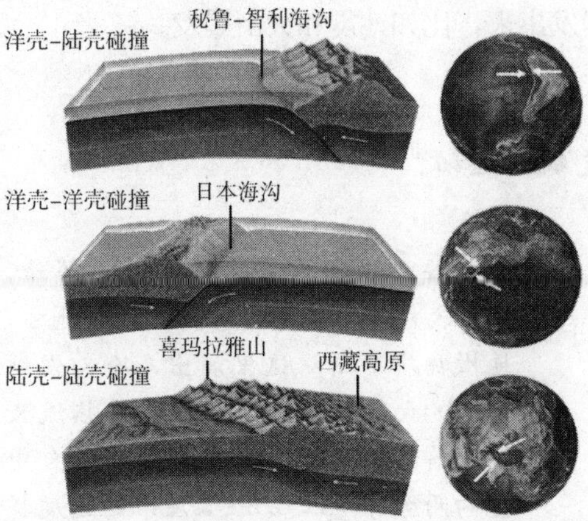

◆不同形式的碰撞带

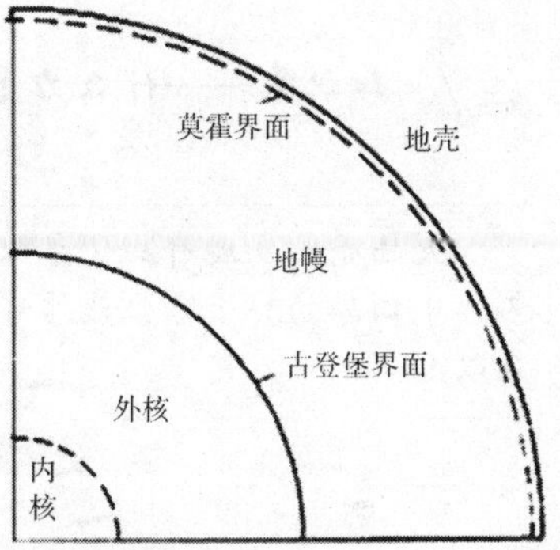

◆莫霍面的位置

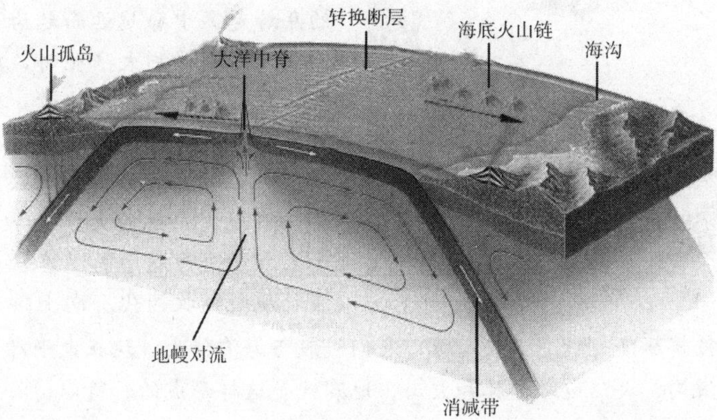

◆板块构造

大规模水平运动。但这种水平运动并不像大陆漂移说所设想的，发生在硅铝层和硅镁层之间，而是岩石圈板块整个地幔软流层上像传送带那样移动着，大陆只是传送带上的“乘客”。

板块构造学说是指构成地球固态外壳的巨大板块的运动学说。板块运动常导致地震、火山和其他大地质事件。从本质上来讲，板块决定了地球的地质历史。地球板块运动被认为是生命进化的必要条件。

随着软流层的运动，各个板块也会发生相应的水平运动。据地质学家估计，大板块每年可以移动 1～6 厘米距离（这也是我们平时感觉不到的原因之一）。这个速度虽然很小，但经过亿万年后，地球的海陆面貌就会发生巨大的变化，而且有时还会以剧烈的形式爆发出来，比如地震和火山爆发。

知识库——什么力量驱使板块运动？

大陆壳已发现有37亿年以前的岩石，平均厚约35千米，最厚可达70千米以上

按照赫斯的海底扩张说来解释，认为大洋中脊是地幔对流上升的地方，地幔物质不断从这里涌出，冷却固结成新的大洋地壳，以后涌出的热流又把先前形成的大洋壳向外推移，自中脊向两旁每年以0.5～5厘米的速度扩展（陆地上速度就更慢），不断为大洋壳增添新的条带。因此，洋底岩石的年龄是离中脊越远而越古老。当移动的大洋壳遇到大陆壳时，就俯冲钻入地幔之中，在俯冲地带，由于拖曳作用形成深海沟。大洋壳被挤压弯曲超过一定限度就会发生一次断裂，产生一次地震，最后大洋壳被挤到700千米以下，为处于高温溶融状态的地幔物质所吸收同化。向上仰冲的大陆壳边缘，被挤压隆起成岛弧或山脉，它们一般与海沟伴生。现在太平洋周围分布的岛屿、海沟、大陆边缘山脉和火山、地震就是这样形成的。所以，海洋地壳是由大洋中脊处诞生，到海沟岛弧带消失，这样不断更新，大约2～3亿年就全部更新一次。因此，海底岩石都很年轻，一般不超过2亿年，平均厚约5～6千米，主要由玄武岩一类物质组成。地幔物质的对流上升也在大陆深处进行着，在上升流涌出的地方，大陆壳将发生破裂。如长达6000多千米的东非大裂谷，就是地幔物质对流促使非洲大陆开始张裂的表现。

地震与火山活动

地震和火山活动是地球母亲暴虐一面的体现。我国是个地震灾害频发的国家，也是火山活动剧烈的国度。那么这两者有关系吗？表面上看它们毫无关系，其实这些地质灾害的内在形成原因却是大同小异的，它们大多发生在板块交界

处，那里是地球内部能量向地面渗透的地方。一般说来，在板块内部，地壳相对比较稳定，而板块与板块交界处则是地壳比较活跃的地带，这里火山、地震活动以及断裂、挤压褶皱、岩浆上升、地壳俯冲等频繁发生。当你把地震分布与火山分布一对比就会发现它们之间惊人的相似。它们大都出现在地壳的断裂带上。

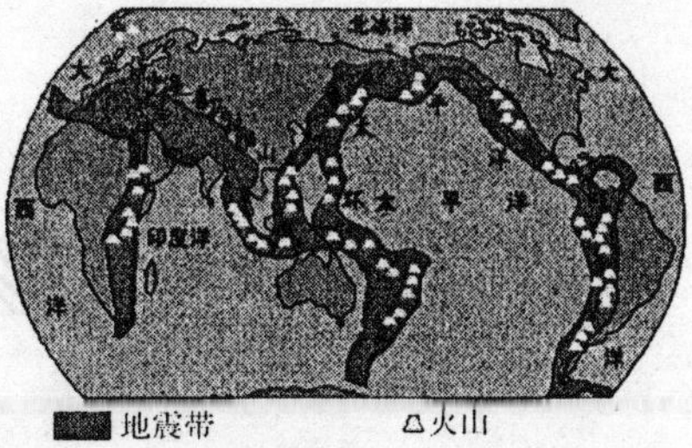

◆全球火山与地震带公布

大地振动是地震最直观、最普遍的表现。在海底或滨海地区发生的强烈地震，能引起巨大的波浪，称为海啸。地震是极其频繁的，全球每年发生地震约550万次（人类有感觉的并没有这么多）。而地球上每年规模不等的火山活动大约有50多次。火山的分布受控于全球板块构造。最近研究发现，火山爆发可能是全球气候变暖的一个重要原因。现在对火山活动人类是可以预见的，而与火山活动相比，地震活动的预报就难了许多，其中一个最重要的原因就是地震的发生有很多人为因素。不过相信占地震类别90%的构造地震在不久的将来还是能够被预见的。

◆冰岛火山喷发

对地震的危害，相信每一个中国人都记忆犹新，2008年5月12日14时28分，在四川省汶川县映秀镇发生的8.0级大地震，给中国人民造成了巨大的生命财产损失。

点　击

全世界有516座活火山，其中69座是海底火山，以太平洋地区最多。中国境内的新生代火山锥约有900座（大部分为死火山），以东北和内蒙古的数量最多，约有600～700座。最近一次喷发的火山是位于新疆于田县的卡尔达火山。

地球表面的形态——奇特的地形

脚下的大地，高低起伏的山川，蜿蜒崎岖的河流等等，这些地形地貌有些什么特点，它们之间又有何区别，大家可能都不甚了解。我们身边的这些自然地理风光，无不蕴藏着地球的奥秘。下面我们就一同来了解一番。

大陆与岛屿

大陆，从地理的意义来说，是指面积大于格陵兰岛的陆地，且有别于“洲”，地球上最大的大陆是亚欧大陆，最小的大陆是澳大利亚大陆。地球上共有 6 块大陆：欧亚大陆、非洲大陆、南美大陆、北美大陆、南极大陆、澳大利亚大陆。

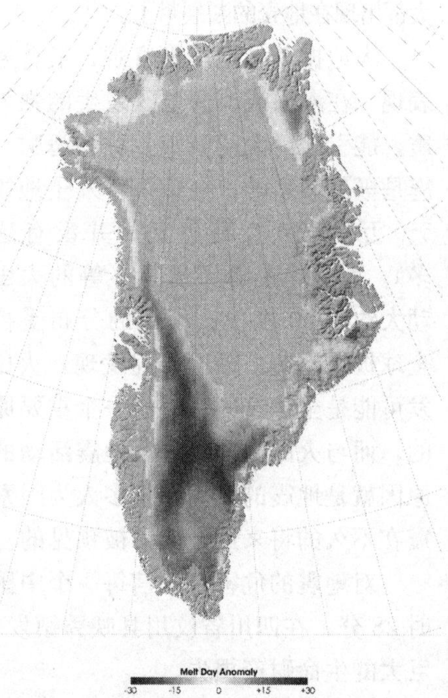

◆格陵兰岛，白色为冰雪覆盖区

从地质上来看，一个大陆除位于海平面上的陆地部分外，还包括环绕它的大陆架。大陆架的地壳的平均密度是 2.8 克/立方厘米，这与大洋底的地壳平均密度（2.9 克/立方厘米）相差很大。这个差别的原因是因为两种地壳的组成成分和形成过程不同。

岛屿是指四面环水并在高潮时高于水面的自然形成的陆地区域。在狭小的地域集中 2 个以上的岛屿，即成“岛屿群”，大规模的岛屿群称作“群岛”或“诸岛”，列状排列的群岛即为“列岛”。

海洋中的岛屿面积大小不一，小的不足1平方千米，称“屿”；大的达几百万平方千米，称为“岛”。按成因可分为大陆岛、海洋岛或火山岛、珊瑚岛和冲积岛。按岛屿的数量及分布特点分为孤立的岛屿和彼此相距很近、成群的岛屿（群岛）。岛屿可分为大陆型或海洋型。海洋型岛是指那些从海洋盆地底部升高高出海面的岛；大陆型岛是大陆棚上那些被水包围但未被淹没的部分。

小知识

世界上比较大的岛很多属大陆型。最大的格陵兰岛，面积2175600平方千米，与毗邻的北美大陆是由同样的物质组成的，由一片狭窄的浅海与北美大陆隔开。

广角镜——大陆架

大陆架是大陆向海洋的自然延伸，通常被认为是陆地的一部分，又叫“陆棚”或“大陆浅滩”。它是指环绕大陆的浅海地带。

大陆架坡折处的水深在20～550米间，平均为130米，也有把200米等深线作为陆架下限的。大陆架平均坡度为0～0.7，宽度不等，在数千米至1500千米间。全球大陆架总面积为2710万平方千米，约占海洋总面积的7.5%。陆架地形一般较为平坦，但也有小的丘陵、盆地和沟谷；上面除局部基岩裸露外，大部

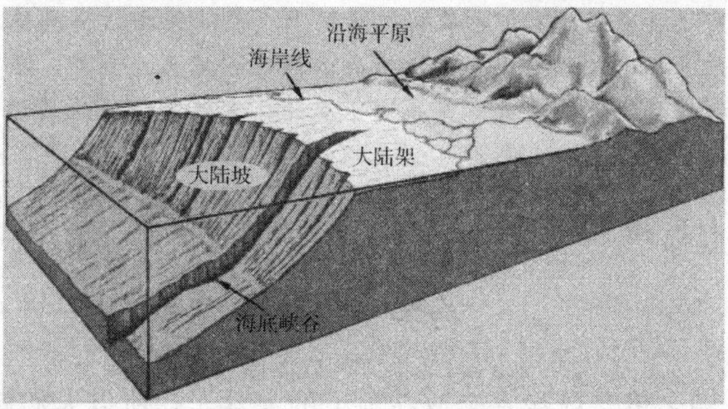

◆大陆架

分地区被泥沙等沉积物所覆盖。大陆架是大陆的自然延伸，原为海岸平原，后因海面上升之后，才沉溺于水下，成为浅海。

大陆架有丰富的矿藏和海洋资源，已发现的有石油、煤、天然气、铜、铁等20多种矿产；其中已探明的石油储量是整个地球石油储量的三分之一。大陆架的浅海区是海洋植物和海洋动物生长发育的良好场所，全世界的海洋渔场大部分分布在大陆架海区。还有海底森林和多种藻类植物，有的可以加工成多种食品，有的是良好的医药和工业原料。这些资源属于沿海国家所有。

万花筒

大陆架是地壳运动或海浪冲刷的结果。地壳的升降运动使陆地下沉，淹没在水下，形成大陆架；海水冲击海岸，产生海蚀平台，淹没在水下，也能形成大陆架。它大多分布在太平洋西岸、大西洋北部两岸、北冰洋边缘等。如果把大陆架海域的水全部抽光，使大陆架完全成为陆地，那么大陆架的面貌与大陆基本上是一样的。

你知道吗？

在大陆架上还能经常发现贝壳层，许多贝壳被压碎后堆积在一起，形成厚度不均的沉积层。大陆架上的沉积物几乎都是由陆地上的江河带来的泥沙，而海洋的成分很少。除了泥沙外，永不停息的江河就像传送带，把陆地上的有机物质源源不断地带到大陆架上。大陆架由于得到陆地上丰富的营养物质的供应，已经成为最富饶的海域，这里盛产鱼虾，还有丰富的石油天然气储备。大陆架并不是永远不变的，它随着地球地质演变，不断产生缓慢而永不停息的变化。

盆地与丘陵

盆地，顾名思义就像一个放在地上的大盆子，所以人们就把四周高（山地或高原）、中部低（平原或丘陵）的盆状地形称为盆地。地球上最大的盆地在东非大陆中部，叫刚果盆地或扎伊尔盆地，面积约相当于加拿大的 1/3。这是非洲重要的农业区，盆地边缘有着丰富的矿产资源。

◆丘陵

盆地主要是由于地壳运动形成的。在地壳运动作用下，地下的岩层受到挤压或拉伸，变得弯曲或产生了断裂，就会使有些部分的岩石隆起，有些部分下降，如下降的那部分被隆起的那些部分包围，盆地的雏形就形成了。在强烈的挤压或拉伸作用下，一些大型盆地的基底会发生断裂，形成一些“断陷盆地”，地壳活动剧烈的地区，这类盆地多见。

◆塔里木盆地

我国的四大盆地指塔里木盆地、准噶尔盆地、柴达木盆地、四川盆地。

丘陵一般海拔在 200 米以上，500 米以下，相对高度一般不超过 200 米，起伏不大，坡度较缓，由连绵不断的低矮山丘组成的地形。丘陵在陆地上的分布很广，一般是分布在山地或高原与平原的过渡地带，在欧亚大陆和南北美洲，都有大片的丘陵地带。丘陵地区降水量较充沛，适合各种经济树木和果树的栽培生长，对发展多种经济十分有利。我国的丘陵约有 100 万平方千米，占全球丘陵总面积的十分之一。

轶闻趣事——陨石坑

地球上有很多小盆地其实是受到来自地球外部力量的作用而形成的，它们还有个统一名称陨石坑。陨石坑是行星、卫星、小行星或其他天体撞击而形成的环

◆美国的亚利桑那巴林杰坑

形的凹坑。陨石坑的中心往往会有一座小山，在地球上陨石坑内常常会充水，形成撞击湖，湖心有一座小岛。

其实，从地球诞生那天起就有无数陨石和地球发生碰撞，形成陨石坑。而现在，地球上所发现的陨石坑比较稀少，这是由于侵蚀作用以及古老地貌被较年轻沉积物充填，使古老陨石坑不易辨认或已消失。

研究巨大陨石的撞击，对地球和其他星球的形成，原始热和自转轴变迁的影响，以及为研究岩浆活动、突变事件和星球演化提供宝贵的资料。对矿物和岩石冲击变质的研究，将进一步丰富岩石学、矿物学、结晶学和高温高压地质学的内容，并为了解地幔物质性状和物理化学特点，即为地球深部的研究提供参考依据；也可以从冲击效应特征推断岩石受轰击时的温度和压力历史，从而对了解地面及地下核试验和人工爆破的威力，破坏半径，以及对工程防护和对金刚石等矿物的合成具有一定实用意义。研究地表陨石坑的分布形态、锥度，特别是受轰击后的变质作用，可直接推断陨石下降时的方向、速度、质量，以及烧蚀破裂情况，为宇宙飞船软着陆提供依据。

山脉与山系

我们知道山川遍布世界各地，可这些连绵起伏的山川，该怎么称呼呢？下面就来看看地理学家们如何认识山川的。

山脉是沿一定方向延伸，包括若干条山岭和山谷组成的山体，因

◆典型山脉

像脉状而称之为山脉。主要是由于地壳运动中的内应力作用，有明显的褶皱，从而区别于山地，而山地则是在一定的力的作用下，褶皱现象不明显。山脉是地形的骨架，影响着江河的流向，甚至气候的差异。构成山脉主体的山岭称为主脉，从主脉延伸出去的山岭称为支脉。几个相邻山脉可以组成一个山系，如喜马拉雅山系，包括柴斯克山脉、拉达克山脉、西瓦利克山脉和大、小喜马拉雅山脉。

◆山系

平均海拔最高的山脉：喜马拉雅山脉；陆地上最长的山脉：安第斯山脉（长约 8900 千米）；海底最长的山脉：中洋脊（长约 80000 千米）。

山系就是有成因联系并按一定延伸方向、规模巨大的一组山脉的综合体。多分布于构造带、火山、地震带上，如亚太地区环太平洋的纵向山系，横贯亚洲、欧洲、非洲的横向山系。它们都是受地球内部应力场控制，是大地构造作用的产物。科迪勒拉山系（又称洛基—安第斯山系）是世界上最长的褶皱山系，全长约 1.5 万千米。

点　击

世界上著名的山脉主要有亚洲的喜马拉雅山脉、欧洲的阿尔卑斯山脉、北美洲的科迪勒拉山脉、南美洲的安第斯山脉等。喜马拉雅山脉为世界上最大的山脉，它的主峰珠穆朗玛峰海拔 8844.43 米，为世界上最高的山峰。

广角镜——地球上为什么那么多山?

在地球上，陆地面积只有地球表面面积的三分之一左右，山地面积又占陆地面积的近三分之一。地球上为什么会有这么多的山呢?

◆喜马拉雅山

这是因为地壳在地球的转动过程中，部分地区出现挤压现象造成的。地壳在挤压过程中，比较容易发生断裂，在断裂的两侧相对地上升或下降，就会形成山脉。比如喜马拉雅山脉就是这样形成的，而且它还在不断地升高。

这样的地壳运动通常被称作造山运动，褶皱断裂、岩浆活动和变质作用是造山运动的主要标志。世界上的火山带与岛弧造山带一致。地槽是地壳不稳定区，呈带状分布，早期强烈下降，沉积巨厚岩系，晚期剧烈褶皱上升，形成高大山系，即褶皱带。地槽常围绕或分隔地台呈狭条状。现代板块构造理论认为，地槽是板块的边缘部分，板块的运动使相邻板块产生挤压碰撞，形成岛弧和山系，山体或岛弧即为板块的界限。

这是一个持续很长的时间，形成地貌特征的地质过程的持续时间引起各种不同的争论。对挪威南部“加里东山系”中大陆碰撞所遗留下的岩石残迹所作的高精度年代测量表明，整个循环能够很快发生，持续时间大约3000万年。

地球历史见证者——岩石

说起石头，人们并不陌生。在我们脚下几乎随处可见，殊不知，这些最不起眼的石头却都记录着地球大陆演变的历史。在地质学术语中，人们通常所说的石头被称为岩石。“岩”有高山陡崖之意，而“岩石”就是形成这些高山峭壁的石头。下面就岩石的种类来分别讲述岩石与地球的历史。

◆常见的岩浆岩石块

剧烈活动的写照——岩浆岩

岩石的面貌是千变万化的，但是从它们的形成环境，也就是从成因上来划分，可以把岩石分为三大类：沉积岩、岩浆岩和变质岩。

岩浆岩或称火成岩，是由岩浆凝结形成的岩石，约占地壳总体积的65%。岩浆是在地壳深处或上地幔产生的高温炽热、黏稠、含有挥发分的硅酸盐熔融体，是形成各种岩浆岩和岩浆矿床的母体。现在已经发现700多种岩浆岩，大部分是在地壳里面的岩石。常见的岩浆岩有花岗岩、安山岩及玄武岩等。

花岗岩因为结构均匀，质地坚硬，颜色美观，是一种优质的建筑材料。但有些花岗岩含有放射性元素，会使人身体受到伤害，易得不育症。一般说碱性花岗岩含有放射性矿物较多。放射性矿物的特征是具有鲜艳的颜色和油脂光泽等。在选购石材时最好不要用红色天然的花岗岩。不含放射性矿物的花岗岩呈灰白色，颜色虽然不很鲜艳，但为了安全起见最好还是选择它们，或者去选购人造花岗岩的板材。

玄武岩常形成广阔的台地，高原玄武岩是岩浆溢流形成的地貌景观。安山岩浆的黏度比玄武岩浆的要大得多，不容易形成溢流，常喷发形成边坡比较陡的大型火山，比如世界著名的日本富士山、意大利维苏威火山就属于这种类型。

点　击

岩浆岩，特别是花岗岩造就了很多名山大川，东北大小兴安岭、东南沿海一带都有成群的花岗岩分布。安徽黄山多姿的奇观就是花岗岩体经过漫长的地质构造运动形成的。

知识库——玄武岩景观——镜泊湖

我国黑龙江镜泊湖地区有很多奇特的玄武岩景观，不仅可以供人们观光游览，而且也是认识和了解火山岩最好的一个天然课堂。火山口森林是景色之一。

站在齐天亭上俯视火山口，深度百余米，植物垂直分带现象很明显，因为深陷在地面之下，当地人称它为地下森林。漫步在这个天然公园里，随处可以见到岩浆流动时形成的流动构造，特别是在地形陡峭的地方，玄武岩浆流动速度加快而形成的熔岩“瀑布”，至今还悬挂在游人面前，别有一番风味。保存完好的熔岩隧道是很难得一见的又一火山景观，好像石灰岩发育地区喀斯特地貌里的地下暗河，不过流的不是水，而是岩浆。形成的过程也和喀斯特溶洞的完全不同，它

◆镜泊湖

◆熔岩洞

是由于靠近地表的玄武岩急速冷凝而成的，由于固结速度比较快，在地表形成一层硬壳。而下面的熔岩流仍然具有较高的温度，仍然是熔融状态，遗留下来的熔岩流动通道就象一条人工隧道，有很大的空间。人们走进熔岩隧道里，在洞壁上可以见到多期岩浆流动留下的一道道痕迹。而在火山口的积水则形成了美丽、辽阔、碧水如镜的火口湖，镜泊湖由此得名。

记录历史的沉积岩

沉积岩是在地表和地表下不太深的地方形成的地质体。它是在地表或接近地表常温常压条件下（－70℃～200℃，一至十几大气压）由风化作用、生物作用和某些火山作用产生的物质经搬运、沉积和成岩等一系列地质作用形成的。已经形成的岩石露出地表后，由于风化作用而遭到破坏，变成碎屑等，经过流水、风、冰川及其他外力搬运，最后在海洋、低地或海陆之间的过渡地带沉积下来，在经受亿万年的压缩、变化之后，胶结在一起，就变成一层一层的坚硬的岩石。这样形成的岩石叫作沉积岩。

◆常见的沉积岩石块

根据以物质来源为主要考虑因素的分类，沉积岩被分成三类，即由母岩风化物质、火山碎屑物质和生物遗体形成的不同沉积岩。沉积岩保留了许多地球的历史信息，包括古代动植物化石，沉积岩的层理有地球气候环境变化的信息。

◆沉积岩山体

沉积岩最典型的构造是水成的

层理。好像一本本不同颜色和厚薄的书叠置在一起，层与层之间有明显的界限。层理有水平的，有波状的，交错的等等。因此，沉积岩形成的山丘具有明显的成层状外貌。煤就产在这种成层叠置的岩石中。

知识窗

沉积岩的体积只占岩石圈的5%，但其分布面积却占陆地的75%，大洋底部几乎全部为沉积岩或沉积物所覆盖。沉积岩不仅分布极为广泛，而且记录着地壳演变的漫长过程。目前已知沉积岩圈中年龄最老的岩石就是36亿年（前苏联的科拉半岛）。沉积岩中蕴藏着大量的沉积矿产。同时，相较于岩浆岩及变质岩，沉积岩中的化石所受破坏较少，也较易完整保存，因此对考古学来说，是十分重要的研究目标。

古老的见证者变质岩

加拿大北部的一组变质岩——阿卡斯卡片麻岩是已知最古老的、保存完好的地球表面一部分。放射性年代测定表明阿卡斯卡片麻岩有将近40亿年的年龄，这证明某些大陆物质在地球形成之后几亿年就已经存在了。相信这些岩石一定见证了无数生命的诞生与消亡过程。目前在中国发现的最古老的岩石是河北省冀东地区的花岗质片麻岩，其中包体的岩石年龄为35亿年。其实，这些古老变质岩起初都是岩浆岩，为什么最后都变成变质岩

◆阿卡斯卡片麻岩石

◆白色大理石

了呢？这就得从变质岩的成因说起了，变质岩是在高温高压和矿物质的混合作用下由一种石头自然变质成的另一种石头。

变质岩是在地球内力作用下引起的岩石构造的变化和改造产生的新型岩石。固态的岩石在地球内部的压力和温度作用下，发生物质成分的迁移和重结晶，形成新的矿物组合。常见的如普通石灰石由于重结晶变成大理石。一般变质岩分为两大类，一类是变质作用作用于岩浆岩（火成岩），形成的变质岩称为正变质岩；另一类是作用于沉积岩，生成的变质岩称为副变质岩。

广角镜——漫话各国“国石”

石头是最不起眼的东西，但“岩石王国”中也有许多独特的成员被称作奇石或怪石，更有些“石头”由于自身的名贵，被奉为一个国家的“国石”。严格地说，“国石”大多数都是珍贵的矿物，有些还是世间罕见的宝石，也正因为此，才有资格成为“国石”。

◆欧泊原石

欧泊—澳大利亚的国石：欧泊即蛋白石，成分是二氧化硅，坚硬无比。一般形成在火山活动频繁地区的温泉中，或通过硅酸盐矿物分解而成。欧泊是一种独特的宝石，因为它具有变彩，在阳光的照耀下能发出五颜六色、绚丽夺目的光芒，任何一种宝石都无法与之相比。由于世界其他地区欧泊产量极少，作为澳大利亚国石当之无愧。

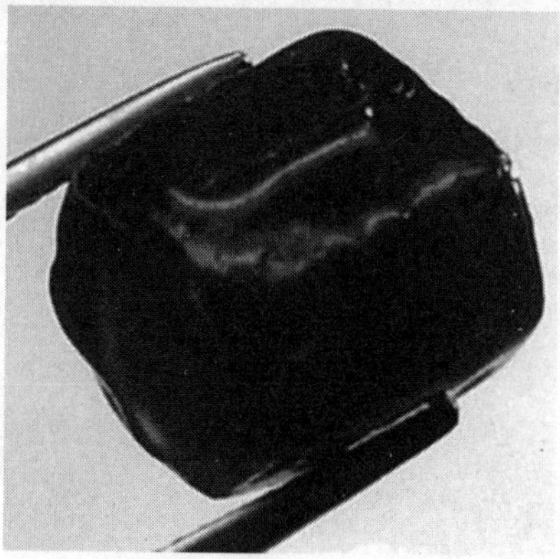
◆红宝石原石

红宝石—缅甸的国石：红宝石也是刚玉的一种，因在成矿过程中含有铬（Cr），故呈现出艳红的颜色，光泽耀眼，温暖亲切。缅甸是红宝石的著名产地，每年都吸引着世界各地的大批旅游者和珠宝商。作

◆祖母绿原石

为国石的象征，首都仰光大金塔的塔顶，镶嵌有93颗巨大、晶莹的红宝石，阳光下它们烁烁生辉、光彩夺目。

祖母绿——哥伦比亚的国石：南美洲的哥伦比亚盛产祖母绿，储量占全世界的95%，那里有全球规模最大的祖母绿矿床。祖母绿也称绿宝石，色泽翠绿高雅，售价比钻石还要贵，能够把祖母绿作为国石的非哥伦比亚莫属了。

奔腾不息的海水——洋流

很多人以为海洋里的水会一直在那里，不会像江河水一般大规模流动，其实不然，海水也都是会流动的，而且动起来一点不比江河水慢，它们同样也是沿着一定的方向有规律地水平流动，这种海水流动就是洋流。

认识洋流

洋流又称海流，海洋中除了由引潮力引起的潮汐运动外，海水会沿一定途径的大规模流动。引起海流运动的因素可以是风，也可以是热盐效应造成的海水密度分布的不均匀性。

洋流是地球表面热环境的主要调节者。洋流可以分为暖流和寒流。若洋流的水温比到达海区的水温高，则称为暖流；若洋流的水温比到达海区的水温低，则称为寒流。一般由低纬度流向高纬度的洋流为暖流，由高纬度流向低纬度的洋流为寒流。海轮顺洋流航行可以节约燃料，加快速度。暖寒流相遇，往往形成海雾，对海上航行不利。此外，洋流从北极地区携带冰山南下，给海上航运造成较大威胁。

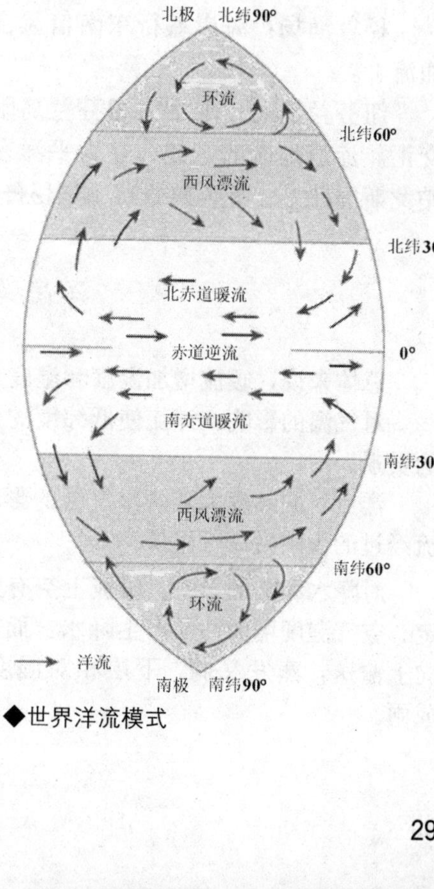

◆世界洋流模式

洋流按成因分为风海流、密度流和补偿流。海流按其水温低于或高于所流经的海域的水温，可分为寒流和暖流两种。

洋流与海洋生物

寒暖流交汇的海区，海水受到扰动，可以将下层营养盐类带到表层，有利于鱼类大量繁殖，为鱼类提供诱饵；两种洋流还可以形成“水障”，阻碍鱼类活动，使得鱼群集中，往往形成较大的渔场。

世界四大渔场及其洋流成因如下：

北海道渔场：位于日本北海道岛附近，日本暖流和千岛寒流交汇。

北海渔场：位于欧洲北海，北大西洋暖流与极地东风带带来的北冰洋南下冷水交汇。

秘鲁渔场：海岸盛行东南信风，为离岸风，导致上升补偿流（亦称涌流）。

纽芬兰渔场：加拿大纽芬兰岛附近，北大西洋暖流和拉布拉多寒流交汇。赤道地区的企鹅：在太平洋东部赤道地区的科隆群岛（又名加拉帕戈斯群岛），有企鹅分布，是秘鲁寒流的缘故。

洋流与气候

总体来说，暖流增加温度和湿度，寒流降低温度和湿度。

对气温的影响：洋流使低纬度的热量向高纬度传输热量，特别是暖流的贡献。

洋流对同纬度大陆两岸气温的影响：暖流经过的大陆沿海气温高，寒流经过的大陆沿海气温低。

对降水和雾的影响：暖流上空有热量和水汽向上输送，使得层结不稳定、空气湿度增大而易产生降水。而寒流产生逆温，层结稳定，水汽不易向上输送，蒸发又弱，下层相对湿度有时虽然很大，但只能成雾，不能成雨。

寒流表面多平流雾，在以下几种情况出现：海陆风雾：陆风在白天流到寒流表面而形成平流雾；海雾：在寒暖流交汇处，风自暖流表面吹至寒流表面而形成平流雾。

壮观的大气游戏——天象奇观

有时，当我们抬头仰望天空，会有意想不到的景象出现在我们面前，可能你都来不及记录下这些独特的天空美景，下面我们就来数一下这些难得的天象奇观。

◆极光

极其罕见的火彩虹

◆火彩虹

图中这种扁平状的彩虹就是所谓的火彩虹，也被称为“环地平弧”。“环地平弧”是一种极其罕见的光学现象，只有当太阳光线与地平线呈58°角时才会形成的冰晶折射现象。之所以也被叫做火彩虹，是因为它看起来就像彩虹在天空自发地燃烧，划过天空。火彩虹不像普通的彩虹那么容易见到，这主要因为那种条件实在太难满足了，首先太阳要与地平线成58°角，同时你观察的天空要在约6100米的高度上存在卷云。

罕见的22°日晕

这是芬兰天空中出现的一轮22°日晕的照片，背景中一根高大的烟囱直指日晕的中心。这就是所谓的“外接晕”，即外围光环完全重合。日晕现象经常发生，甚至比彩虹都还常见，但是由于阳光过于强烈，通常肉眼无法看到。

◆罕见的22°日晕

奇异的海市蜃楼景

◆海市蜃楼景观

海市蜃楼不只是出现于沙漠中。当光线穿过空气时，如果出现气温急剧变化引起空气密度不均，那么就可能造成光线折射，从而会产生海市蜃楼现象。本图就是所谓的“上蜃景”，那艘船看起来好像比实际的要高大得多。通常情况下，许多“上蜃景”还会包括其倒影。蜃景不仅能在海上、沙漠中产生，柏油马路上偶尔也会看到。海市蜃楼是光线在垂直方向密度不同的气层中经过折射造成的结果。自古以来，蜃景就为世人所关注。在古代的神话中，蜃景被描绘成魔鬼的化身，是死亡和不幸的凶兆。

两个太阳同时坠落

日落时由于光线折射的原因，地平线上的太阳常常看起来好像更大，甚至会变成椭圆形。这张太平洋上的日落照片，就是这种视觉效果的最好体现。严重的折射现象“削平”了太阳的顶部，太阳下面的倒影就是所谓的“下蜃景”。这是最常见的一种海市蜃楼景象，炎热的夏天在高速公路上也经常可以看见这种情景。

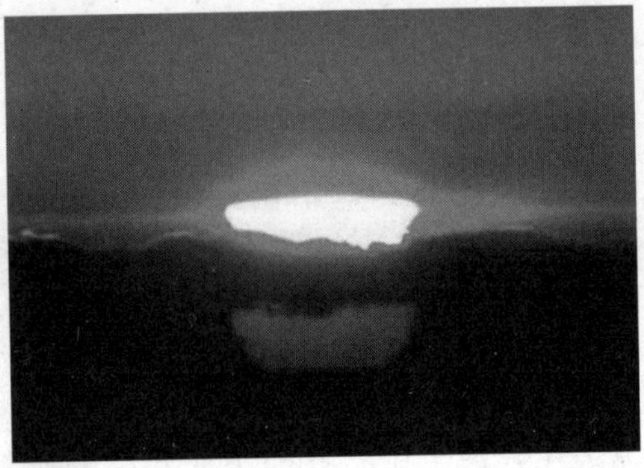
◆两个太阳同时坠落

极光现象是怎么回事?

◆极光

许多世纪以来，这一直是人们猜测和探索的天象之谜。从前，爱斯基摩人以为那是鬼神引导死者灵魂上天堂的火炬。13 世纪时，人们则认为那是格陵兰冰原反射的光。到了 17 世纪，人们才称它为北极光——北极曙光（在南极所见到的同样的光称为南极光）。

极光是一种大气光学现象。当太阳黑子、耀斑活动剧烈时，太阳发出大量强烈的带电粒子流，沿着地磁场的磁力线向南北两极移动，它以极快的速度进入地球大气的上层，其能量相当于几万或几十万颗氢弹爆炸的威力。由于带电粒子速度很快，碰撞空气中的原子时，原子外层的电子便获得能量。当这些电子获得的能量释放出来，便会辐射出一种可见的光束，这种迷人的色彩就是极光。

地球的两极各是一个大磁极，带电粒子流受地球磁场的影响，飞行路线就要向这两极偏转，两极地区形成的粒子流较中纬度的更多。在高纬度地区，人们能观察到极光的机会更多些。出现在北极的叫北极光，出现在南极的叫南极光。

罕见的红色极光

由质子和电子等基本粒子组成的太阳风不断向地球吹来。但幸运的是，太阳风的大部分粒子都被地球磁气圈拒之门外。但是，在地球的两极地区，仍然有一些太阳粒子会闯入大气层，于是就形成了极光现象。极光的颜色以绿色较为常见。但在阿拉斯加上空，由于氧的高度电离化，就形成了罕见的红色极光。

◆红色极光图

联珠状闪电

我们应该还记得小学课本中的一条自然常识：如果云层底部的负电荷不断聚集，而地面上正电荷也在不断增加，当两者之间的电压超过空气绝缘能力时，就会产生闪电现象。下图中这条长长的闪电就发生于亚利桑那州银铃山脉的上空。各种闪电中，最罕见的是联珠状闪电，世界上绝大多数人都未曾见过它。这种闪电形如一串发光的珍珠从云底伸向地面。由于

◆亚利桑那州上空的闪电

联珠状闪电出现的机会极少，维持的时间也极短，因此人们对这种闪电的成因研究得很少，形成的原因目前尚不清楚。

露 虹

◆蛛网上的露珠形成“露虹”

当阳光穿过雨林中小水滴时，被散射成不同的波段的光线，也会形成右边照片中所示的七彩光环。彩虹就是因为阳光射到空中接近圆形的小水滴，造成色散及反射而成。阳光射入水滴时会同时以不同角度折射，在水滴内亦以不同的角度反射。当中以 40°～42°的反射最为强烈，造成我们所见到的彩虹。其实只要空气中有水滴，而阳光正在观察者的背后以低角度照射，便可能产生可以观察到的彩虹现象。但如果光线的角度较低，小水珠又附于某特定表面，就会出现“露虹”。“七彩蛛网”就是这样形成的。

奇异的染山霞

◆染山霞奇光

有时山顶的光线看起来好象会略带桃红色，甚至当太阳快要落山或落入地平线之下时也是如此，这就是所谓的“染山霞”现象。“染山霞”现象是由于太阳光线被山上的雪或大气中的水珠和冰粒折射而形成。

冰晶折射阳光形成日晕

◆冰晶折射阳光形成日晕

这是一幅由天空云层中的冰晶折射太阳光所形成的日晕照片。冰晶像是一个个棱镜以不低于22°角折射太阳光，于是就形成了图片中所看到的22°日晕。在日晕光环的内部区域会稍显暗淡，那是因为太阳光线被折射开的原因。日晕形成原因是在5000米的高空中出现了由冰晶构成的卷层云。卷层云中的冰晶经过太阳照射后会发生折射和反射等物理现象，阳光便分解成了红、黄、绿、紫等多种颜色，这样太阳周围就出现一个巨大的彩色光环，称为晕。日晕的出现，往往预示天气会发生一定的变化。

动动手——人造彩虹

准备：喷雾器，温开水一杯，清水一杯，白纸一张，清水一盆，平面镜一面。

◆彩虹

实验方法：

1. 在晴天，幼儿背朝太阳站着，用喷雾器向空中喷水，顺着喷水的方向，可以看到空中出现美丽的彩虹。

2. 将一只无色透明的玻璃杯盛清水斜搁在窗台上，地上放上一张白纸，调整玻璃杯的角度和白纸的位置，可看到白纸上出现的人造彩虹。

3. 太阳光斜射入水盘，平面镜斜置在水盆里，可发现墙上的光波是彩色的，如同天上的彩虹。

等你来解释——地理奇观

我们身边有很多不可思议的神秘地理现象，这是由于有些地理环境的形成和分布不符合一般规律，而是表现出“与众不同”的特殊性——个性特征，从而形成了独特有趣的地理现象。下面我们就一起来看看这些现象的来龙去脉。

濒临海洋的荒漠地区

◆澳大利亚西海岸的荒漠

海洋是水汽的策源地，云雨的故乡。大陆沿海地区一般受海洋影响较大，降水比较丰富，多属于气候湿润地区。但是在澳大利亚西海岸、秘鲁太平洋沿岸等地区，却形成了荒漠环境。因为这里常年受到副热带高气压带控制，盛行下沉气流，空气增温干燥；同时，盛行风从陆地吹向海洋，水汽很少，云雨难以形成。此外，沿岸海洋中有寒流经过，降温减湿，进一步加剧了气候的干旱程度，使荒漠区一直延伸到海岸边。其中最典型的是南美洲的智利北部和秘鲁沿海地区，这里不仅是世界上降水最少、气候最干旱的地区，而且荒漠区随强大的秘鲁寒流向北延伸到赤道附近，成为一大自然奇观。

纬度较“高”的炎热中心

◆撒哈拉沙漠

在南北半球上，无论7月或1月，气温都是从低纬向两极递降。一般是低纬度地区气温高，高纬度地区气温低。但是，7月份世界上最热的地方并不在赤道，而是出现在北纬20°～30°大陆上的沙漠地区，撒哈拉沙漠是全球的炎热中心。这里7月份平均气温多在30℃以上，其中利比亚的阿济济亚曾出现过58℃的绝对最高气温，是有名的世界“热极”。这是因为南北半球海陆分布不同，特别是赤道附近云量多，对太阳辐射的反射加强，削弱了到达地面的太阳辐射。夏季太阳直射点北移，撒哈拉沙漠地区终日晴空万里，烈日当空，太阳高度角大，太阳辐射强；加上沙漠地区植被稀少，地表裸露，空气干燥，增温强烈，所以就形成了全球的炎热中心。

“回归沙漠带”上的绿洲

◆北回归线上的沙漠——约旦沙漠

地球上南北回归线附近地区，由于处在副热带高气压带或信风带控制下，盛行热带大陆气团，降水量小而蒸发量大，所以气候干旱。世界上的沙漠多分布在这里，故称为“回归沙漠带”。但是，这一带并非到处都少雨。例如我国华南地区，虽然地处北回

◆鼎湖山

归线附近，但因位于大陆东岸，地理位置优越，形成了典型的季风气候。每年夏季风和台风从海洋上带来大量水汽，造成丰沛的降水。因此，这里气候温暖湿润，水热充足，植被繁茂。特别是广东省的鼎湖山，森林茂密，万木葱茏，恰似镶嵌在华南大地上的一颗绿色明珠，赢得了“回归沙漠带上的绿洲”之美誉。鼎湖山自然保护区现已参加了联合国“人与生物圈”自然保护区网，成为全人类共同拥有的宝贵财富。

赤道雪山与极圈花园

赤道两侧的热带雨林带，全年高温多雨，年平均气温在26℃左右。在赤道南侧的赤道带内，有几座海拔超过5000米的高山，例如非洲坦桑尼亚境内的乞力马扎罗山、印度尼西亚伊里安岛上的查亚峰等。它们虽然地处赤道附近，但终年冰峰峭立，白雪皑皑，成为赤道地区的奇观。

◆乞力马扎罗山

北欧的冰岛虽然位于北极圈附近，但并不是一个终年冰天雪地、气候奇寒的国度，实际上全国仅有10%左右的面积为冰川所覆盖。由于受北大西洋暖流的影响，冰岛气候相对比较温和湿润，夏季凉爽宜人，冬季则比较暖和，所以人称“冰岛不冰”。此外，冰岛拥有丰富的地热资源，温泉和热泉很多。当地居民充分利用温

◆冰岛

泉热水发展温室生产。在温室里生长着西红柿、黄瓜、辣椒等新鲜蔬菜，以及热带、亚热带出产的香蕉、葡萄等水果，还培育了多种艳丽芬芳的鲜花。由此可见，在冰雪茫茫的北极地区，得天独厚的冰岛就成了一块罕见的“热洲”。

神秘的怪坡

你想体验一下“上坡轻松、下坡费劲”的奇妙感觉吗？你想目睹一下“车往坡上滑、水往高处流”的奇异景观吗？那么，不妨到世界各地的“怪坡”去“潇洒走一回”，看看大自然的神奇造化。

◆怪坡

辽宁“怪坡”：最早被发现的“怪坡”，位于辽宁省沈阳市新城子区清水台镇周家村东北方的寒坡岭。

◆沈阳怪坡

1990 年 5 月，一辆面包车途经此地，司机下车小歇；回来时发现熄火的面包车已自行从坡底“滑行”到了坡顶。在这条长约 90 米、宽约 15 米、坡度为 1.85°的“怪坡”上，坡道平坦，两边长满小草，并无任何异常现象。但就在这“怪坡”上，汽车下坡必须加大油门，而上坡即使熄火也可到达坡顶；骑自行车，下坡要使劲蹬，上坡却要紧扣车闸；人行坡上，也是上去省力，下来费劲。

乌拉圭“怪坡”：南美乌拉圭的巴纳角地区，可以说是“怪坡”的“聚焦点”，汽车只要一开进这一地区，便怪事丛生。最令人惊奇的要数汽车一旦抛锚，一种不知从何而来的神力，会把汽车推出几十米远。

美国"怪坡"：美国犹他州，有一个被人们称为"重力之山"的奇特山坡，有一条直线距离为500米左右，坡度很大的斜坡道，也是闻名全球的"怪坡"。驱车到此，将车停下，松开制动器，就会发现，汽车像是被一种无形的力量拉着似的、缓慢地向山坡上爬去。

四大鸣沙山

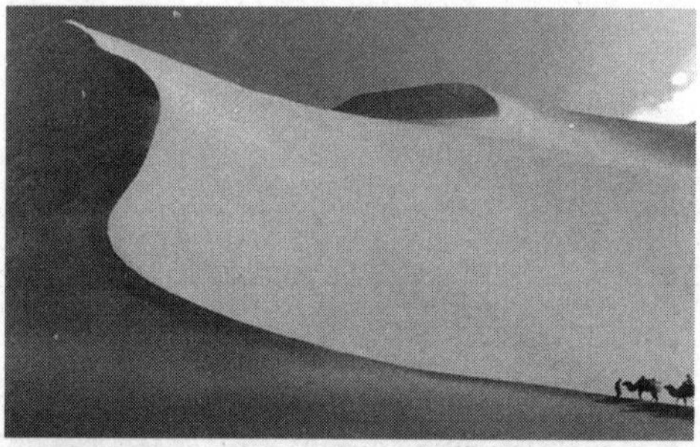

◆敦煌鸣沙山

敦煌、沙坡头、响沙湾和巴里坤四地的鸣沙山，号称我国的四大鸣沙山。

敦煌鸣沙山：敦煌鸣沙山位于甘肃省敦煌市南五千米处腾格里沙漠边缘。沙峰起伏，人们顺坡滑落，便会发出轰鸣声，称为"沙岭晴鸣"，为敦煌八景之一。鸣沙山长40千米、宽20千米，最高处约250米，全山积沙而成。山峰陡峭，背如刀刃，山麓有翡翠般的月牙泉。

沙坡头鸣沙山：沙坡头鸣沙山位于宁夏回族自治区中卫县境内的腾格里沙漠的边缘。沙丘呈新月形，高约100余米，脚下是滔滔黄河。当游人从百米高的沙山上往下滑落时，便会听到类似钟鼓的沉闷之声。

响沙湾鸣沙山：响沙湾鸣沙山位于内蒙古自治区达拉特旗境内罕台川河西侧一河湾处、库布其沙漠的边缘。沙山高约50米，坡度为45°左右。顺坡滑落，能听到嘭嘭之声，多人同时滑沙效果更佳。沙鸣多则十多响，少则三五声。

巴里坤鸣沙山：巴里坤鸣沙山位于新疆巴里坤哈萨克自治县境内，西距县城60千米，四周全被丰美碧绿的草场所包围，犹如湛蓝大海中的一座金色小岛。鸣沙山形似一朵蘑菇，高约百米，沙丘陡峭，其下有水泉，左右两侧还有河流通过。据说这里是唐代女将樊梨花西征遇难的地方，现在听到的沙鸣，就是女兵们当时擂鼓助阵和冲杀鼓掌之声。

轶闻趣事——四大科学难题

当前世界上有四个最大的科学难题，全球各专业的科学家都在设法揭开大自然的这些秘密，如能解开这些谜团，那么人类的生活以及对世界的看法将发生根本的变化。

一、人体基因结构

人的基因存储在一个螺旋形的大分子中。现在科学家希望能准确地知道在哪一种基因中存储哪些信息，因为每种基因由约 3 万个信息构成，要一个一个地检查，现在才查明约 10 万种基因中的 100 种。科学家们已解出一个志愿者的全部基因密码，如能揭开全部基因的秘密，那么由于基因受损而引起的癌症、糖尿病以及其他迄今已知的 4000 多种遗传疾病都可以通过修复基因来根治。

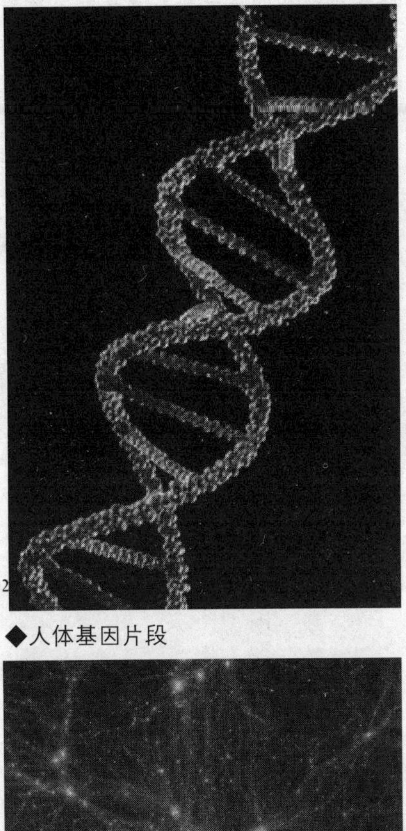

◆人体基因片段

二、宇宙中的黑暗物质

根据新的计算，宇宙间存在的物质比现在天文学家看见的要多 9 倍，宇宙爆炸论才能成立。然而这些物质在哪里，是什么成分，是否还能发现大量的黑暗物质，完全是个未知数。

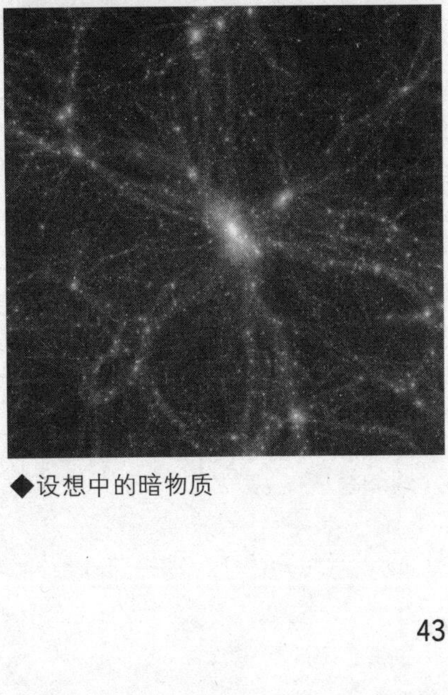

◆设想中的暗物质

三、受控核聚变

用 7 克氢核燃料能够产生 6 吨煤的能量，而且氢核燃料是从水中提取的，用之不尽，对人类和环境的危害也只是现在能源的 1%。现在理论问题虽然解决了，实际问题还没解决。氢核聚变的前提是 1 亿度高温，如何建造能承受如此高温的熔炉。

四、生命起源

美国科学家米勒仿造出40亿年前地球上的条件，结果在此条件下产生出氨基酸——生命的组成部分。但是如何演变成生命仍然是个谜，现在计算机科学家编制出人工生物的程序，在计算机世界中观察“生命”起源，他们认为，这是理解生命结构的第一步，未来的目标要模拟出生命的形成。

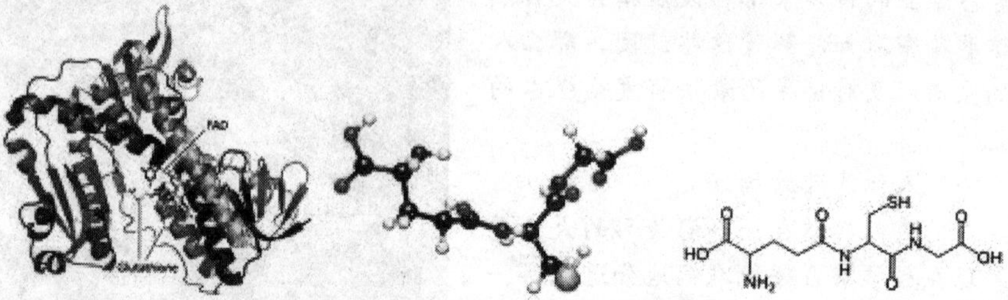

◆氨基酸

季节与天气

季节就像一双无形的手，控制着我们的日常生活，我们能从小动物的行为、气温变化、星辰变化等来感受到它的存在。这一年到头的季节变化，就像太阳每天照常升起一样，年年这样周而复始。你可知道，这些看似普通的规律背后，却隐藏着多少的秘密？又蕴含着多少古人的智慧？……

四季的成因——地球的公转

地球是太阳系八大行星之一，从诞生之日起，已历46亿年。按离太阳由近及远的次序是第三颗，位于水星和金星之后；在八大行星中大小排行是第四。在英语里，地球是唯一一个不是从希腊及罗马神话中得到的名字。英语的地球“Earth”一词来自于古英语及日耳曼语。在罗马神话中，地球女神叫Tellus——肥沃的土地（希腊语：Gaia，大地母亲）。地球目前是人类所知道的唯一一个存在已知生命体的星球。

◆地球

地球自西向东自转，同时围绕太阳公转。地球自转与公转运动的结合，产生了地球上的昼夜交替和四季变化。同时，由于日、月、行星的引力作用以及大气、海洋和地球内部物质的各种作用，使地球自转轴在空间和地球本体内的方向都要产生变化。地球自转产生的惯性离心力使得球形的地球由两极向赤道逐渐膨胀，成为目前的略扁的旋转椭球体，极半径比赤道半径约短21千米。

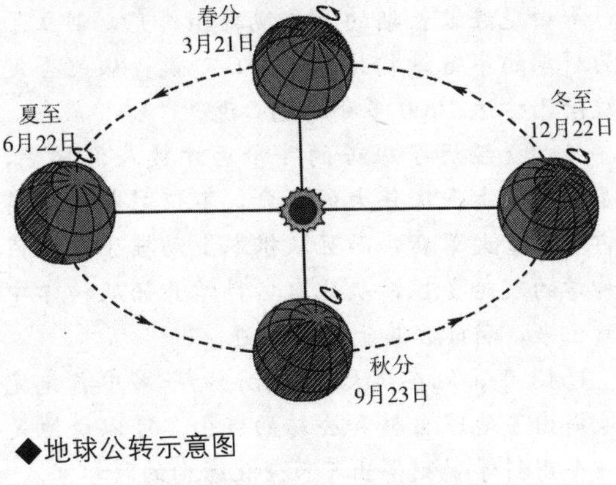

◆地球公转示意图

地球绕太阳的运动，叫作公转。从北极上空看是逆时针绕日公转。地球公转的路线叫作公转轨道。它是近似正圆的椭圆轨道。太阳位于椭圆的两焦点之一。每年1月3日，地球运行到离太阳最近的位置，这个位置称为近日点；7月4日，地球运行到距离太阳最远的位置，这个位置称为远日点。地球公转的方向也是自西向东，运动的轨道长度是 9.4 亿千米，公转一周所需的时间为一年，约 365.25 天。地球公转的平均角速度约为每日 1°，平均线速度每秒钟约为 30 千米。在近日点时公转速度较快，在远日点时较慢。

知识窗

地球形状的探索

早在 2000 多年前，中国周代就有“天圆地方”说，公元前 530 年，希腊科学家毕达哥拉斯最早提出大地是球形的，但他没有拿出足够的证据来说明这一事实。

真正用实践来证实地球是球形是 16 世纪的事。公元 1519～1522 年，麦哲伦率船 5 艘，水手 265 人，由塞维利亚的外港圣卢卡出发，第一次完成了环绕地球的航行，证实地球的确是球形的。

几百年之后，科学有了很大的发展，才发现原来地球是不规则的椭球体。

名人介绍——哥白尼

◆哥白尼

哥白尼（1473～1543 年）是波兰天文学家，日心说创立者，近代天文学的奠基人。

哥白尼经过长期的天文观测和研究，创立了更为科学的宇宙结构体系——日心说，从此否定了统治西方达 1000 多年的地心说。

日心说经历了艰苦的斗争后才被人们接受，这是天文学上一次伟大的革命，不仅引起了人类宇宙观的重大革新，而且从根本上动摇了欧洲宗教神学的理论支柱，从此自然科学开始从神学中解放出来，科学发展大踏步前进。

1543 年，他在《天体运行论》一书中首先完整地提出了地球自转和公转的概念。可以说他是第一个用科学观测得出季节变化缘由的科学家。

斗转星移——季节的划分

季节是每年循环出现的地理景观相差比较大的几个时间段。不同的地区，其季节的划分也是不一样的。对温带特别是中国的气候而言，一年分为四季，即春季、夏季、秋季、冬季；而对于热带草原就只有旱季和雨季。在寒带，并非只有冬季，即使南北两极亦能分出四季。

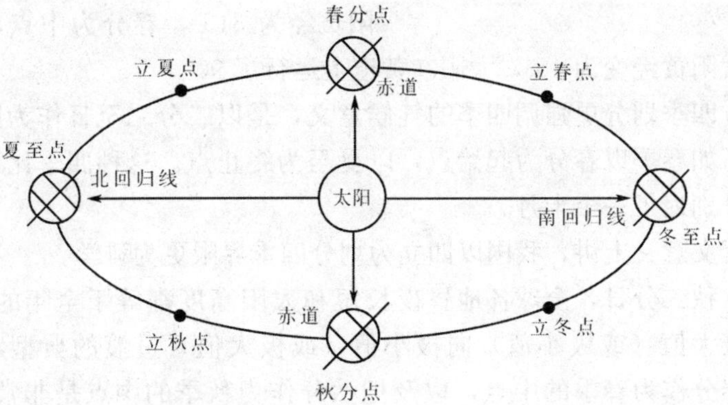

◆地球公转与四季形成

天文四季

天文四季是以天文因子为依据划分的季节。由于地球的自转轴倾斜于它绕太阳公转的轨道面(即黄道面)，地球表面的太阳辐射量的变化，呈规律性地每年循环一次。每年相同的月份，各地大体上出现各不相同的气候特征。在温带地区，通常把接受太阳辐射最多即最炎热的时段称为夏季，接受太阳辐射最少即最寒冷的时段称为冬季，它们之间的过渡时段称为春季和秋季。如在北半球的温带地区

> 中国古代多以立春、立夏、立秋、立冬为四季的开始，而欧洲和北美洲的很多国家则以春分、夏至、秋分、冬至作为四季的初日。天文季节虽然有气候意义，却没有把地理和天气的因素考虑在内。

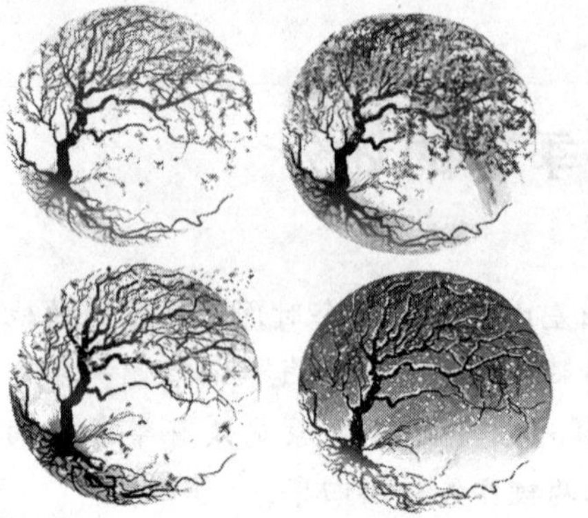

◆春夏秋冬

一般 3～5 月为春季，6～8 月为夏季，9～11 月为秋季，12 月至次年 2 月为冬季。南半球温带地区则 6～8 月为冬季，12 月至次年 2 月为夏季，3～5 月为秋季，9～11 月为春季。

我国传统的四季划分方法强调四季的天文意义，是以二十四节气中的四立作为四季的始点，以二分和二至作为中点的。如春季立春为始点，太阳黄经为 315°，春分为中点，立夏为终点，太阳黄经变为 45°，太阳在黄道上运行了 90°。

西方四季划分更强调四季的气候意义，是以二分二至日作为四季的起始点的，如春季以春分为起始点，以夏至为终止点。这种四季比我国划分的四季分别迟了一个半月。

从天文意义上讲，我国以四立为划分四季界限更为科学。

春、秋二分日，全球各地昼夜长短和太阳高度都等于全年的平均值，具有从极大值（或极小值）向极小值（或极大值）过渡的典型特征。因此，把春分作为春季的中点，以及把秋分作为秋季的中点是非常合理的；夏季里，昼长夜短，太阳高度最大的是夏至那一天，该日地表获得太阳能量是最多的。所以，夏至作为夏季的中点是很合理的；同理，冬至作为冬季的中点也是很科学的。

但是，从实际气候上讲，夏至并不是最热的时候，冬至也不是最冷的时候，气温高低的极值都要分别推迟 1～2 个月。天文四季是半球统一的。在半球的范围内，每个季节有统一的开始和结束的时刻，并且在半球范围内，每一地点均存在

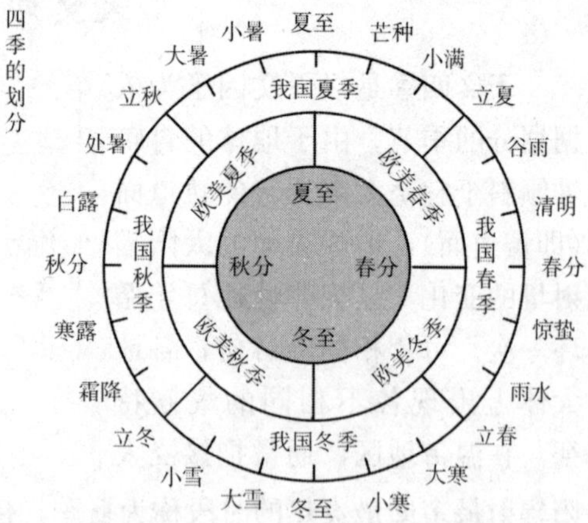

◆天文四季

着这四个季节，每个季节都是等长的。

小知识

我国有“热在三伏”，“冷在三九”的说法。因此，把夏至和冬至分别安排为夏季和冬季的开始日期，能更好地与实际气候对应。

气候四季

气候四季是以气候要素的分布状况为依据划分的季节。为了准确地反映各地的实际气候情况，划分四季常采用气候上的方法，例如采用候平均气温划分四季。并且规定：候平均气温大于或等于22℃的时期为夏季，小于或等于10℃的时期为冬季，介于10℃～22℃之间的为春季或秋季。按此标准划分四季，中纬地区季节与气候相一致，低纬地区和极地附近春、夏、秋、冬的温度变化很不明显。同时，在中纬地区，各季的长度也不一样。按气候四季划分，北京春季有55天，夏季103天，秋季50天，冬季157天。

除温带的四季外，其他气候带因其气候的特殊性，常采用其他气候要素划分气候季节。在热带和一些亚热带地区，气温的年变化较小，常用降水量或风向的变化来划分季节，故有干季和雨季；东北信风季和西南信风季等。这种划分季节的方法，在南亚次大陆尤为通用。在北非大部分地区，把一年划分为凉季、热季和雨季三个季节。在极地附近，则按日照的状况划分为永昼的夏季和长夜的冬季两个季节。

上述的季节划分法都没有把天气因素考虑在内，因此大多不适合研究季节的年际变化。中国科学家在20世纪50年代根据500百帕环流型，研究了东亚的自然天气季节。自然天气季节的划分法是天气气候学的研究内容之一，对长期天气预报工作有重要意义。但由于天气过程的复杂性，目前还缺少划分自然天气季节的客观而统一的标准，因此季节的起止日期也不容易确定。同时，对某种自然天气季节区，由于地点不同，受到天气系统的影响也不同，因而天气表现也不一样。所以自然天气季节的概念尚未成熟，有待于进一步的研究。

知识窗

中国的气候季节

中国的气候季节最早是由张宝汧（1934）研究的。他在《中国四季之分配》一文中，提出以候（五天）平均气温低于10℃为冬季，高于22℃为夏季，10℃～22℃之间为春秋过渡季，并划出各地四季的长短。由于10℃以上适合于大部分农作物生长，一年中维持在10℃以上的时间的长短对农业生产的影响很大，所以这样划分季节，有很大的实际意义。

你知道吗？

每一个季节的来临都有它们代表性的动植物出现，你知道是什么吗？来个小提示噢，比如春来时迎春花会开，燕子会从南方飞回来。那么其他的季节会有什么出现？

点击

20世纪20年代，一位苏联气候学家首先提出了自然天气季节的概念，他以形成气候的天气过程的特点来划分季节，将苏联的欧洲部分，一年分为春、夏、秋、前冬和冬五个季节。后来另一位科学家又将夏季再划分为初夏和盛夏两季。

天文四季与气候四季的区别

天文四季具有理论意义，气候四季具有实用价值。天文四季是气候四季划分的基础。天文四季是半球统一的。北半球是夏季时，南半球是冬季；气候四季则是局部区域（中纬地区）统一的。天文四季的划分取决于天文现象的变化，气候四季的划分取决于气温的变化。无论哪个半球的哪个地点，都有等长的天文四季；而气候四季则在同一纬度的各地点也不一定等长。这是天文四季和气候四季的主要不同之处。

一年分三季
——古埃及的民用历法

说到古埃及文明，大家总是首先想到金字塔、象形文字、木乃伊等常见的神秘画面，其实古埃及人民在天文历法方面的贡献也颇具古老而神秘的色彩。

◆埃及卢克索神庙

古埃及人很早就制定了历法(起算年代有公元前 4241 年、公元前 4236 年等说法)。古代埃及人把每年一度尼罗河水开始泛滥的日子(大约在 6 月 15 日左右潮头到达孟菲斯) 定为一年的开始，这一天在下埃及（古埃及尼罗河下游的部分）

> 古埃及人对季节的认识源于他们的古老历法《太阴历》，在此历的基础上诞生的古埃及民用历法被视为我们今天使用的公历“公元纪年”的渊源。

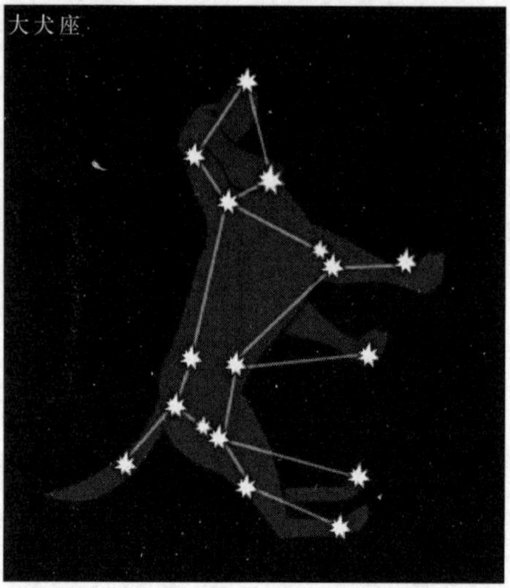

◆天狼星

适逢天狼星与太阳同时出现在地平线上。古代埃及人按尼罗河水的涨落和农作物生长的规律，把一年分为三季（泛滥季、耕种季、收获季），每季分为 4 个月，一年共 12 个月，每月 30 天，岁末增加 5 天节日，共计 365 日。

古埃及的民用历法就是所谓的“徘徊年”（Wandering Year），每年 365 天分为 3 个季度 12 个月，每月 3 周，每周 10 天，另有额外的 5 天在年末（也有说是年初）作为节庆时间，依次对应冥神奥西利斯、太阳神何露斯、黑暗之神塞特、生育女神伊希斯与死亡女神尼芙蒂斯的生辰。由于 365 天比实际的回归年要短上 1/4 天左右，每隔 4 年，新年时间就要比实际提前 1 天，每过 1460 个回归年则提前一年，这是所谓的天狼星周期。有说法是古埃及历年与回归年之间的差异正是“徘徊年”之名的由来。

公元前 3 世纪，托勒密三世颁布命令，决定每 4 年设置一个闰年。不过这一改革当时遭到了农民的反对，原因是旧历与农业生产紧密关联。直到公元前 1 世纪，置闰规则才为改革后的亚历山大历真正采用，并于公元前 22 年首次置闰，闰日不属于任何一个月，而是附加在空余出的几天中。

古埃及民用历法的一天始于早晨，也许是日出时分，但具体时刻不很确定。一日之内的时长是不固定的，每天白天分为 12 小时，晚上也分为 12 小时。古埃及民用历沿用先前的太阴历习惯，以天狼星偕日升（约合公历的 7 月 19 日前后）为一年的起始，这最早见于公元前三世纪第一王朝的历史记载，实际采用时间则要更早些。天狼星偕日升标志着尼罗河在旧王国的国都——孟菲斯泛滥。

除了后来衍生为公历的一年 365 天设置，古埃及历的另一贡献是对黄道十二宫的划分，古埃及人在新王国时期已经知道了四十多个星座。考古学家在墓地和神庙中获得了类似“星位图”的记录。

讲解——公元纪年的来历和算法

马克思说："计算尼罗河水涨落的需要，产生了埃及的天文学。"古代埃及人的民用历法是人类历史上产生的第一部太阳历。但它同回归年即太阳年（地球围绕太阳公转一周的时间）相比有四分之一天的误差，每过一百二十多年将有一个月的出入，如此累进一千四百多年以后方可周而复始。古埃及人已经知道这项历法的缺点，但因为行之已久难于纠正，只好由官方作些临时调整。公元前1世纪古罗马人以埃及历法为基础，制定"儒略历"（"朱里亚历"即"恺撒历"）；到16世纪又经中世纪梵蒂冈教廷改革，产生"格里高利历"（简称"格里历"），这便是今天世界上大多数国家所通用的"公历"的由来。公元纪年的算法：

19年循环×闰年的循环×每周天数－7＝525

指导农事的历法
——二十四节气与七十二候

节气指二十四时节和气候，是中国古代订立的一种用来指导农事的补充历法。由于中国农历是一种“阴阳合历”，即根据太阳也根据月亮的运行制定的，因此不能完全反映太阳运行周期，但中国又是一个农业社会，农业需要严格了解太阳运行情况，农事完全根据太阳进行，所以在历法中又加入了单独反映太阳运行周期的“二十四节气”，用作确定闰月的标准。

◆日晷

二十四节气

中国古人利用土圭实测日晷，将每年日影最长定为“日至”（又称日长至、长至、冬至），日影最短为“日短至”（又称短至、夏至）。在春秋两季各有一天的昼夜时间长短相等，便定为“春分”和“秋分”。在商朝时只有四个节气，到了周朝时发展到了八个，到秦汉年间，二十四节气已完全确立。公元前104年，由邓平等制定的《太初历》，正式把二十四节气订于历法，明确了二十四节气的天文位置。

二十四节气名称首见于《淮南子·天文训》，《史记·太史公自序》的“论六家要旨”中也有提到阴阳、四时、八位、十二度、二十四节气等概

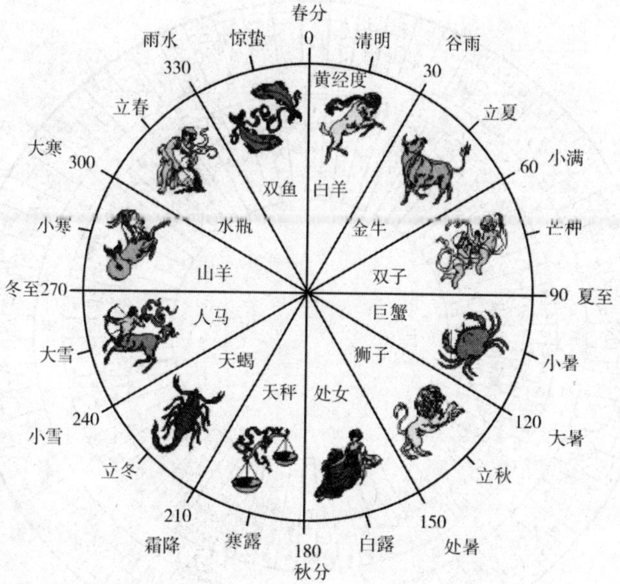

◆二十四节气

念。汉武帝时，落下闳将节气编入《太初历》之中，并规定无中气之月，定为上月的闰月。

二十四节气每一个分别相应于太阳在黄道上每运动 15°所到达的一定位置。二十四节气又分为 12 个节气和 12 个中气，二十四节气反映了太阳的周年性运动，所以在公历中它们的日期是相对固定的，上半年的节气在 6 日，中气在 21 日，下半年的节气在 8 日，中气在 23 日，两者前后至多只差 1～2 日。

七十二候

中国最早的结合天文、气象、物候知识指导农事活动的历法，源于黄河流域，完整记载见于公元前 2 世纪的《逸周书·时训解》。以五日为候，三候为气，六气为时，四时为岁，一年二十四节气共七十二候。各候均以一个物候现象相应，称候应。其中植物候应有植物的幼芽萌动、开花、结实等；动物候应有动物的始振、始鸣、交配、迁徙等；非生物候应有始

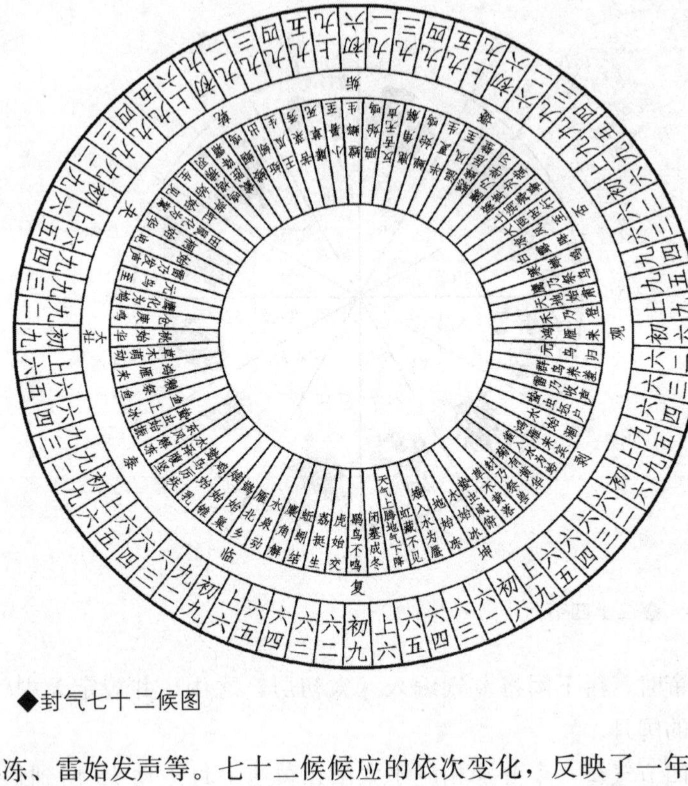

◆封气七十二候图

冻、解冻、雷始发声等。七十二候候应的依次变化，反映了一年中气候变化的一般情况。

七十二候的起源很早，对农事活动曾起过一定作用。虽然其中有些物候描述不那么准确，其中还有不科学成分，但对于了解古代华北地区的气候及其变迁，仍然具有一定的参考价值。下面来看看2000多年前的古人如何通过观察动植物来总结气候变化的。

小知识

《逸周书·时训解》中国古代记述物候知识的著作之一。它是七十二候定型的一篇著作。

看节气知农时
——二十四节气细解

下面对二十四节气中的十二个进行详细的介绍。

立　春

时至立春，人们明显地感觉到白昼长了，太阳暖了。气温、日照、降雨，这时常处于一年中的转折点，趋于上升或增多。小春作物长势加快，油菜抽苔和小麦拔节时耗水量增加，应该及时浇灌追肥，促进生长。农谚提醒人们：“立春雨水到，早起晚睡觉”，大春备耕也开始了。

◆立春

惊　蛰

◆惊蛰

反映自然物候现象的惊蛰，含义是：春雷乍动，惊醒了蛰伏在土中冬眠的动物。惊蛰是万物苏醒的时节，到了惊蛰，我国大部分地区进入春耕大忙季节。真是：季节不等人，一刻值千金。

谷 雨

俗话说："雨生百谷"。雨量充足而及时，谷类作物能够茁壮生长。谷雨节气就有这样的涵义。谷雨时节的四川盆地，"杨花落尽子规啼"，柳絮飞落，杜鹃夜啼，牡丹吐蕊，樱桃红熟，自然景物告示人们：时至暮春了。

◆谷雨

立 夏

◆立夏

顾名思义，立夏是指夏季开始。但是，各地冷暖不同，入夏时间实际上并不一致。按气候学上以五天平均气温高于22℃为夏季的标准，立夏前后，四川盆地南部刚跨进夏季；盆地其余地区的气温为20℃左右，还处于"门外无人问落花，绿阴冉冉遍天涯"的暮春时节。《易纬》有立夏"电见"之说。晴天要及时抢收，雨天应抓紧栽插，连阴雨天气须提防收获物生芽、霉烂，还要搞好抗旱保苗，警惕20℃以下的低温对早稻的危害。

小 满

二十四节气大多可以顾名思义，但是小满却有些令人费解。原来，小满是指麦类等夏熟作物灌浆乳熟，籽粒开始饱满。四川盆地的农谚赋予小满以

◆小满

新的寓意："小满不满，干断思坎"；"小满不满，芒种不管"。把"满"用来形容雨水的盈缺，指出小满时田里如果蓄不满水，就可能造成田坎干裂，甚至芒种时也无法栽插水稻。因为"立夏小满正栽秧"，"秧奔小满谷奔秋"，小满正是适宜水稻栽插的季节。

大　暑

暑是炎热的意思，表明它是一年中最热的节气。大暑前后气温高本是气候正常的表现，因为较高的气温有利于作物扬花灌浆，但是气温过高，农作物生长反而受到抑制，水稻结实率明显下降。酷热的大暑是茉莉、荷花盛开的季节，馨香沁人的茉莉，天气越热香越浓郁，给人洁净芬芳的享受。高洁的荷花不畏烈日骤雨，晨开暮敛，诗人赞美它"映日荷花别样红"，生机勃勃的盛夏，正孕育着丰收。

◆大暑荷花开

白　露

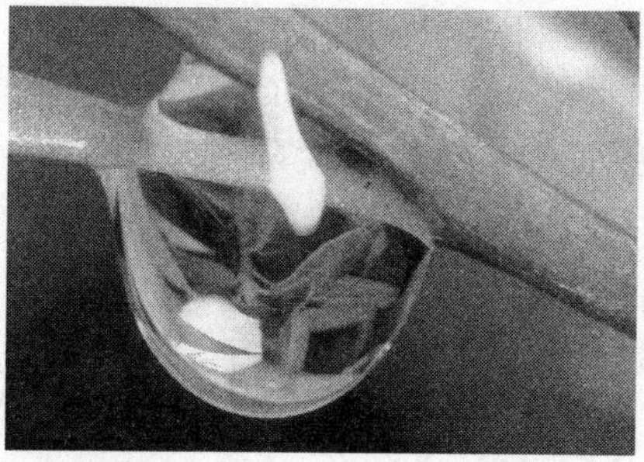

◆白露

露是由于温度降低，水汽在地面或近地物体上凝结而成的水珠。所以白露实际上是表征天气已经转凉。按气候学划分四季的标准，时序开始进入秋季。盆地秋雨多出现于白露至霜降前，以岷江、青衣江中下游地区最多，盆地中部相对较少。"滥了白露，天天走溜路"的农谚，虽然不能以白露这一天是否有雨水来作天气预报，但是一般白露前后确实常有一段连阴雨天气，而且自此盆地降雨多具有强度小、雨日多、常连绵的特点了。

寒 露

古代把露作为天气转凉变冷的表征。仲秋白露节气“露凝而白”，至季秋寒露时已是“露气寒冷，将凝结”为霜了。这时，即使在长江沿岸地区，水银柱也很难升到30℃以上，而最低气温却可降至10℃以下。

◆寒露时节菊花

霜 降

◆霜降大地

霜降节气含有天气渐冷、开始降霜的意思。用科学的眼光来看，“露结为霜”的说法是不准确的。露滴冻结而成的冻露，是坚硬的小冰珠。而霜冻是指由于温度剧降而引起的作物冻害现象，其致害温度因作物、品种和生育期的不同而异；而形成霜，则必须地面或地物的温度降到0℃以下，并且贴地层中空气中的水汽含量要达到一定程度。因此，发生霜冻时不一定出现霜，出现霜时也不一定就有霜冻发生。但是，因为见霜时的温度已经比较低，要是继续冷却，便很容易导致霜冻的发生。

立 冬

◆立冬后的树叶

“立，建始也”，表示冬季自此开始。“立冬之日，水始冰，地始冻”。现在，人们常以凛冽北风，寒冷的霜雪，作为冬天的象征。在气候学上，不固定以“立冬”这天作为各地冬季的开始，而是以气温来划分季节，即候（5 天）平均气温低于 10℃为冬季，这样就比较切合当时的物候景观。

大 雪

“大雪”表明这时降雪开始大起来了。“瑞雪兆丰年”，是我国广为流传的农谚。在北方，一层厚厚而疏松的积雪，像给小麦盖御寒的棉被。雪中所含的氮化合物比雨水多 4 倍，积雪慢慢融化后渗入土中，能增加土壤中的氮素，易被农作物吸收利用。雪水温度低，能冻死地表层越冬的害虫，也给农业生产带来好处。但是在南方，雪后如逢晴夜，地面热量散失较多，则会出现冻害，使豌豆、胡豆等作物受到一定损失。

◆大雪中的城市

小 寒

寒即寒冷，小寒表示寒冷的程度。俗话说，“冷在三九”。“三九”多

◆“三九”天

在1月9日至17日，也恰在小寒节气内。但这只是一般规律，少数年份大寒也可能比小寒冷。人们记忆犹新的1975年冬，气温最低的节气竟是大雪哩！

上面对二十四节气中的12个进行了详细解析，至于另外12个节气：雨水、春分、清明、芒种、夏至、小暑、立秋、处暑、秋分、小雪、冬至、大寒，不再赘述。

大气的物理现象
——天气现象

大气中（也包括地面上的一部分）会发生各种物理现象，如雨、雪、冰雹、雾、露、霜、龙卷风、霾、雷暴、极光、飑等。天气现象是大气中发生的各种物理过程的综合结果，是指在大气中、地面上产生的降水、水汽凝结物（云除外）、冻结物、干质悬浮物和光、电的现象，也包括一些风的特征。

◆雾

各种天气现象都是在一定的天气条件下产生的，反映着大气中不同物理过程，是天气变化的体现，也是天气预报的依据之一。观测天气现象不仅为了了解一地的气候情况而积累资料，而且这些资料在国民经济建设中也是不可缺少的。

一些灾害性的天气现象如大风、暴雨、冰雹、龙卷风、雪暴、浓雾等，更是直接影响农牧业和交通运输业。目前，在气象台站进行观测的天气现象种类共有 34 种。

雾凇和雨凇怎样形成的

在自然界里，地面物体上形成的冰晶和水滴并不都是霜和露。有一些貌似霜、露的现象，却是由其特定的气象条件造成的。

例如，某地区原来温度较低，各种地面物体的温度也就较低。遇到天气急速变暖（例如温度急升 10℃），有些大而重的物体却不能一下子变得

◆硬凇

和周围的空气一样暖，于是在空气和这些物体之间便形成一个比较大的温差。如果这时温度在0℃以下，便会在物体上形成冰晶，叫作“硬凇”。如果温度在0℃以上，便会在物体表面凝结成水滴，叫作“水凇”。冬天玻璃窗上的“窗霜”和“呵水”的形成就与此相似。

硬凇和水凇与霜、露都是由于空气和地面物体之间存在着温度差而形成的。但是，形成硬凇和水凇的温度差是由天气变暖而引起的，形成霜、露的温度差却是由于地面物体辐射冷却所引起的。所以它们所反映的天气条件不同，附着的物体也不尽一样，它们是不同的天气现象。初冬或冬末，有时会出现一种奇怪现象：从空中掉下来的液态雨滴落在树枝、电线或其他物体上时，会突然冻成一层

◆雨凇

◆雾凇

外表光滑晶莹剔透的冰层，这就是“雨凇”。这种滴雨成冰的现象是怎么回事呢？实际上这里的雨滴不是一般的雨滴，而是过冷雨滴。这种情形并不常见，多在冷暖空气交锋，而且暖空气势力较强的情况下才会发生。这是靠近地面一层的空气温度较低（稍低于0℃），而其上又有温度高于0℃的空气层或云层，再往上则是温度低于0℃的云层，从这里掉下来的雪花通过暖层时融化成雨滴，接着当它进入靠近地面的冷气层时，雨滴便迅速冷却，由于这些雨滴的直径很小，温度虽然降到0℃以下，但还来不及冻结便掉了下来，当其接触到地面冷的物体时就立即冻结，变成了我们所说的“雨凇”。

另外，在有过冷却雾的时候，特别有利于冰晶在地面物体上增长。这时在电线上、树枝上形成了白色的冰花，叫作“雾凇”。在有雾而温度又高于0℃的时候，雾滴沾附、汇聚在树叶或其他物体上，叫作“雾凝”，这在森林中最常见。它们也都不是霜和露，因为形成的原因不同。

变幻莫测的云与天气

天空有各种不同颜色的云，有的洁白如絮，有的是乌黑一块，有的是灰蒙蒙一片，有的发出红色和紫色的光彩。这不同颜色的云究竟是怎么形成的呢？

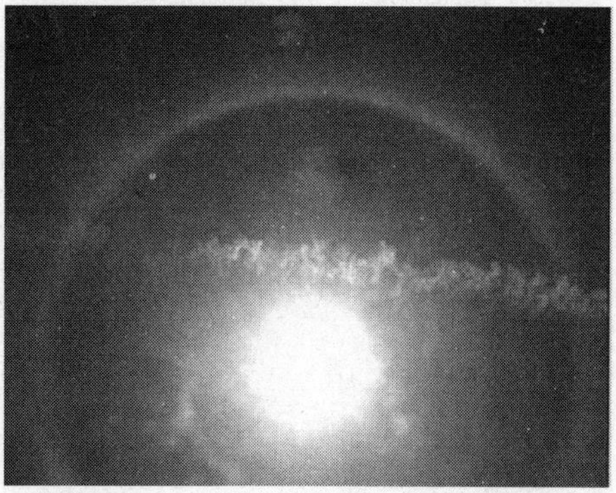
◆薄幕卷层云

我们所见到的各种云的厚薄相差很大，厚的可达七八千米，薄的只有几十米。有满布天空的层状云，孤立的积状云，以及波状云等许多种。

很厚的层状云或者积雨云，太阳和月亮的光线很难透射过来，看上去云体就很黑；稍微薄一点的层状云和波状云，看起来是灰色的，特别是波状云，云块边缘部分色彩更为灰白；很薄的云，光线容易透过，特别是由冰晶组成的薄云、云丝在阳光下显得特别明亮，带有丝状光泽，天空即使有这种层状云，地面物体在太阳和月亮光下仍会映出影子。

有时云层薄得几乎看不出来，但只要发现在日月附近有一个或几个大光环，仍然可以断定有云，这种云叫作“薄幕卷层云”。孤立的积状云因云层比较厚，向阳的一面，光线几乎全部反射出来，因而看来是白色的；而背光的一面以及它的底部，光线就不容易透射过来，看起来比较灰黑。

讲解——日出日落时天空的颜色

日出和日落时，由于太阳光线是斜射过来的，穿过很厚的大气层，空气的分子、水汽和杂质，使得光线的短波部分大量散射，而红、橙色的长波部分却散射得不多，因而照射到大气下层时，长波光特别是红光占着绝对的多数，这时不仅日出、日落方向的天空是红色的，就连被它照亮的云层底部和边缘也变成红色了。

由于云的组成有的是水滴，有的是冰晶，有的是两者混杂在一起的，因而日月光线通过时，还会造成各种美丽的光环或彩虹。

风随季节变——季风和信风

我们知道风就是地球表面的空气运动，很多时候风总是变化多端，让人琢磨不透它到底是从哪开始要往哪去，根本没什么规律，下面我们就来了解一下，其实有的风是有规律的。

◆印度季风造成的暴雨

季　风

季风，由于大陆及邻近海洋之间存在的温度差异而形成大范围盛行的、风向随季节有显著变化的风系，具有这种大气环流特征的风称为季风。

季风的概念是17世纪后期由哈雷首先提出来的，即季风是由太阳对海

◆夏季季风形成

◆卫星拍摄的印度季风区

洋和陆地加热差异形成的，进而导致了大气中气压的差异。夏季时，由于海洋的热容量大，加热缓慢，海面较冷，气压高，而大陆由于热容量小，加热快，形成暖低压，夏季风由冷洋面吹向暖大陆；冬季时则正好相反，冬季风由冷大陆吹向暖洋面。这种由于下垫面热力作用不同而形成的海陆季风，也是最经典的季风概念。到 18 世纪上半叶，哈雷对季风模型进行了补充和修正。他指出，按照哈雷的理论，南亚地区阿拉伯海至印度的季风应该是夏季吹南风，冬季吹北风，但实际观测到的却是夏季吹西南风，冬季吹东北风。

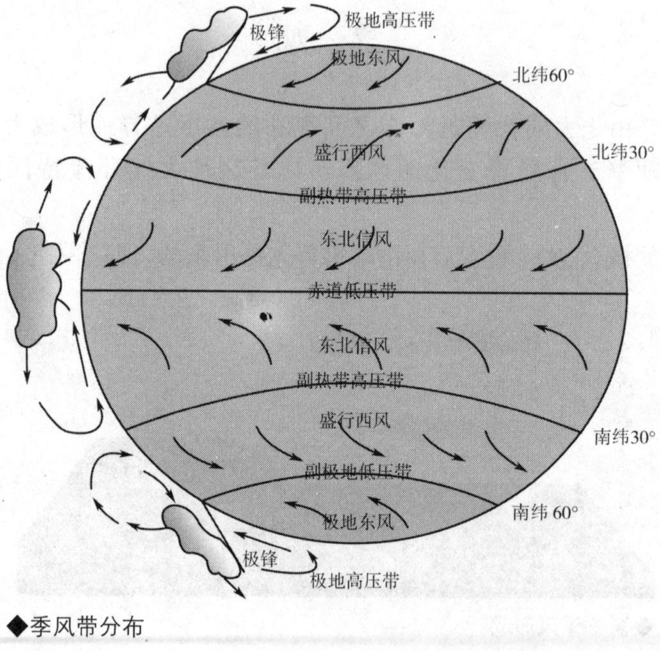

◆季风带分布

亚洲地区是世界上最著名的季风区，其主要特征是：存在两支主要的季风环流，即冬季盛行东北季风和夏季盛行西南季风，并且它们的转换具有暴发性的突变过程，中间的过渡期很短。一般来说，11 月至翌年 3 月为冬季风时期，6～9 月为夏季风时期，4月5 月和 10 月为夏、冬季风转换的过渡时期。但不同地区的季节差异有所不同，因而季风的到来也不完全一致。

季风活动范围很广，它影响着地球上 1/4 的面积和 1/2 人口的生活。西太平洋、南亚、东亚、非洲和澳大利亚北部，都是季风活动明显的地区，尤以印度季风和东亚季风最为显著。中美洲的太平洋沿岸也有小范围季风区，而欧洲和北美洲则没有明显的季风区，只出现一些季风的趋势和季风现象。

信　风

在我国古代，人们把季风称作信风，这跟现在讲的信风其实是不同的。比起季风，信风要更规律，更讲“信用”点，这也是信风名字的由来。在赤道两边的低层大气中，北半球吹东北风，南半球吹东南风，这种风的方向很少改变，它们年年如此，稳定出现，很讲信用，这是“trade wind”在中文中被翻译成“信风”的原因。

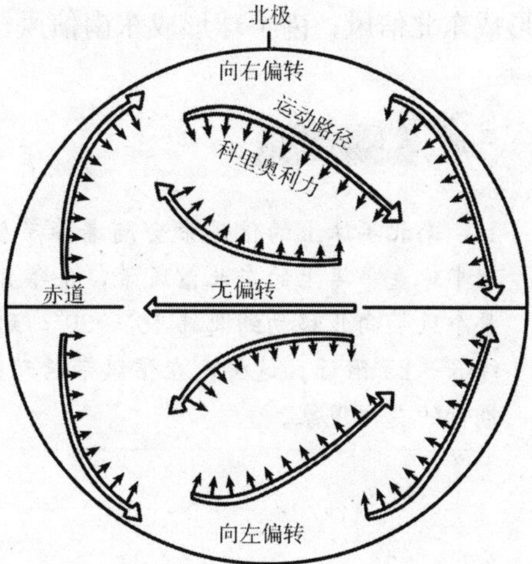

◆信风的形成

信风的形成与地球三圈环流有关，太阳长期照射下，赤道受热最多，赤道近地面空气受热上升，在近地面形成赤道低气压带，在高空形成高气压，高空高气压向南北两方高空低气压方向移动，在南北纬 30°附近遇冷下沉，在近地面形成副热带高气压带。此时，赤道低气压带与副热带高气压带之间产生气压差，气流从“副高”流向“赤低”。在地球自转偏向力影响下，北半球副热带高压中的空气向南运行时，空气运行偏向于气压梯度力的右方，形成东北风，即东

北信风。南半球反之则形成东南信风。在对流层上层盛行与信风方向相反的风，即反信风。信风与反信风在赤道和南北纬 20°～35°之间构成闭合的垂直环流圈，即哈雷环流。由于副热带高压在海洋上表现特别明显，终年存在，在大陆上只冬季存在。故在热带洋面上终年盛行稳定的信风，大陆上的信风稳定性较差，且只发生在冬半年。两个半球的信风在赤道附近汇合，形成热带辐合带。信风是一个非常稳定的系统，但也有明显的年际变化。在地球自转偏向力的作用下，风向发生偏离，北半球形成东北信风；南半球形成东南信风。终年吹着信风的地带，叫信风带。

点　击

南北半球上的信风带会随着季节的变化而发生有规律的南北移动。如北半球太平洋上的东北信风带，每年 3 月份位于北纬 5°～25°，到了 9 月份，整个风带向北移动到北纬 10°～30°，到第二年 3 月份，整个风带又退回到北纬 5°～25°附近。这样，在信风带活动范围的特定区域内，就会出现信风周期性的变化现象。

脾气暴戾的大气
——灾害性天气

天气不仅能带来有益的效果也会造成有害的效果。极端天气如龙卷风、飓风及气旋，能够沿途释放大量能量，并造成破坏。表面植被演化成依赖天气的季节性转变，所以当只有为期几年的突然转变发生时，也会对植物及依赖其为食物的动物带来巨大影响。天气灾害是不定时的，程度也有所不一。到目前为止，人类仍然无法驾驭天气。灾害性天气，对人民生命财产有严重威胁，对工农业和交通运输会造成重大损失。

中国地域辽阔，自然条件复杂，而且属于典型的季风气候区，因此灾害性天气种类繁多，如大风、暴雨、冰雹、龙卷风、寒潮、霜冻、雨凇、大雾等，可发生在不同季节，不同地区又有很大差异，且一般具有突发性，会对人民生命财产、生活和生产活动以及资源环境造成危害。

灾害性天气是造成气象灾害的直接原因。研究灾害性天气的形成机理和变化规律，监测灾害性天气形成发展过程，是进行气象灾害预测预报、防灾减灾的基础。

一种少见的天气现象——霾（mái）

空气中的灰尘、硫酸、硝酸、有机碳氢化合物等粒子也能使大气混浊，视野模糊并导致能见度恶化，如果水平能见度小于10000米时，将这种非水成物组成的气溶胶系统造成的视程障碍称为霾（Haze）或灰霾（Dust－haze），香港天文台称烟霞（Haze）。一般相对湿度小于80％时的大气混浊视野模糊导致的能见度恶化是霾造成的，相对湿度大于90％时的大气混浊视野模糊导致的能见度恶化是雾造成的，相对湿度介于80％～90％之间时的大气混浊视野模糊导致的能见度恶化是霾和雾的混合物共同造成的，但其主要成分是霾。霾的厚度比较厚，可达1～3千米。由于灰

◆霾

尘、硫酸、硝酸等粒子组成的霾，其散射波长较长的光比较多，因而霾看起来呈黄色或橙灰色。

很多人把霾误认为是雾，其实不然，两者有比较大的区别。区别在于发生霾时相对湿度不大，而雾中的相对湿度是饱和的（如有大量凝结核存在时，相对湿度不一定达到100%就可能出现雾）。霾与雾、云不一样，与晴空区之间没有明显的边界，霾粒子的分布比较均匀，而且灰霾粒子的尺度比较小，从0.001微米到10微米，平均直径大约在1～2微米，肉眼看不到空中飘浮的颗粒物。

> 雾是由大量悬浮在近地面空气中的微小水滴或冰晶组成的气溶胶系统，是近地面层空气中水汽凝结（或凝华）的产物。

雾和云一样，与晴空区之间有明显的边界，雾滴浓度分布不均匀，而且雾滴的尺度比较大，从几微米到100微米，平均直径大约在10～20微米，肉眼可以看到空中飘浮的雾滴。由于液态水或冰晶组成的雾散射的光与波长关系不大，因而雾看起来呈乳白色或青白色。

链接——霾的危害

霾有很多危害，其中对人的肺产生的危害最大，灰霾天气不利于慢性支气管炎和哮喘病人的健康，在这样的空气中停留一定时间后，心脏病和肺病患者症状会显著加剧，健康人群中也会出现不适症状。由于灰霾中的大气气溶胶大部分均可被人体从呼吸道吸入，尤其是亚微米粒子会分别沉积于上、下呼吸道和肺泡中，会引起鼻炎、支气管炎等病症，长期处于这种环境还会诱发肺癌。

一种神秘天气——雷暴

雷暴

◆雷暴

雷暴是伴有闪电和雷击的局地对流性天气，多见于夏季。它必定产生在强烈的积雨云中，因此常伴有强烈的阵雨或暴雨，有时伴有冰雹和龙卷风，属强对流天气系统。形成雷暴的积雨云发展旺盛，云的上部常有冰晶。冰晶的淞附、水滴的破碎以及空气对流等过程，使云中产生电荷。云中电荷的分布很复杂，但总的说来，云的上部以正电荷为主，云的中、下部以负电荷为主，云的下部前方的强烈上升气流中还有一范围小的正电区。因此云的上、下之间形成一个电位差，当电位差大到一定程度后就产生放电，这就是平常所见的闪电现象。在放电过程中，闪电处的温度骤增，使空气体积急剧膨胀，从而产生冲击波，导致强烈的雷鸣。当云层很低时，有时可形成云地间放电，这就是雷击。因此，雷暴是大气不稳定状况的产物，是积雨云及其伴生的各种强烈天气的总称。雷暴的持续时间一般较短，单个雷暴的生命史一般不超过 2 小时。我国雷暴是南方多于北方，山区多于平原。多出现在夏季和秋季，冬季只在我国南方偶有出现。雷暴出现的时间多在下午。夜间因云顶辐射冷却，使云层内的温度层结变得不稳定，也可引起雷暴，称为夜雷暴。

雷暴是大气中的放电现象，一般伴有阵雨，有时还会出现局部的大风、冰雹等强对流天气。强雷暴天气有时还带来灾害，如雷击危及人身安全，家用电器、计算机机房直接遭雷击或感应雷的影响而损坏，有时还引起火灾等。

◆雷暴伴随的火球

在很近的距离3～5条左右闪电同时产生放电的现象，称为雷暴。有时候雷暴会生成火球，大小从直径15厘米到2米不等，也有直径很大的超过5米以上的，但一般发生在雷区。雷暴产生火球后经常袭击生命体，并释放出强大的能量，并且雷暴产生的火球行进速度也超快，大约速度在每秒几米至几十米不等，具体依据火球的大小而定。雷区产生的雷暴所形成的火球速度不论大小，都比人类奔跑速度要快得多，所以在雷区避免雷暴击中的方法是静止不动，并且不能发出声响。有的火球会窜门入室袭击人类，有的是袭击房屋。

地球上最快最猛的强风：龙卷风

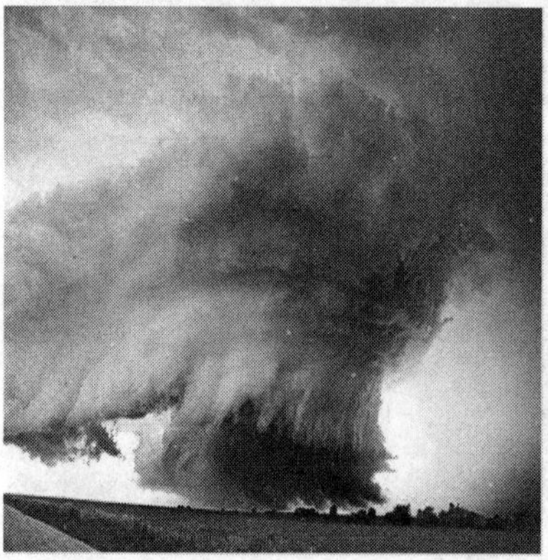
◆即将形成的龙卷风

龙卷风是一种强烈的、小范围的空气涡旋，是在极不稳定的天气下由空气强烈对流运动而产生的，由雷暴云底伸展至地面的漏斗状云（龙卷）产生的强烈旋风，其风力可达12级以上，风速可达每秒100米以上，最大达到每秒300米，比台风（产生于海上）近中心最大风速大好几倍。其中心气压很低，一般可低至400百帕，最低可达200百帕。它具有很大的吸吮作用，可把海（湖）水吸离海（湖）面，形成水柱，然后同

◆龙卷风

◆德国 Helgoland 海岛龙卷风来袭

云相接，俗称“龙取水”。由于龙卷风内部空气极为稀薄，导致温度急剧降低，促使水汽迅速凝结，这是形成漏斗云柱的重要原因。漏斗云柱的直径，平均只有 250 米左右。龙卷风产生于强烈不稳定的积雨云中。它的形成与暖湿空气强烈上升、冷空气下沉、地形作用等有关。它的破坏力惊人，能把大树连根拔起，吹倒建筑物，或把部分地面物卷至空中。江苏省每年几乎都有龙卷风发生，但发生的地点没有明显规律。出现的时间一般在 6～7 月间，有时也发生在 8 月上、中旬。

龙卷风常发生于夏季的雷雨天气时，尤以下午至傍晚最为多见。袭击范围小，龙卷风的直径一般在十几米到数百米之间。龙卷风的生存时间一般只有几分钟，最长也不超过数小时。破坏力极强，龙卷风经过的地方常会发生拔起大树、掀翻车辆、摧毁建筑物等现象，有时把人吸走，危害十分严重。

龙卷风的破坏力有时令人难以置信：1995 年在美国俄克拉何马州阿得莫尔市发生的一场陆龙卷风，诸如屋顶之类的重物被吹出几十千米之远。大多数碎片落在陆龙卷通过路线的左侧，按重量不等常常有很明确的降落地带。较轻的碎片可能会飞到 300 多千米外才落地。1879 年 5 月 30 日下午 4 时，在堪萨斯州北方发生的一次龙卷风甚是厉害，龙卷风旋涡横过一条小河，遇上了一座峭壁，显然是无法超过这个障碍物，旋涡便折抽西进，那边恰巧有一座新造的 75 米长的铁路桥。龙卷风旋涡竟将它从石桥墩上“拔”起，把它扭了几扭然后抛到水中。

冰雹的产生

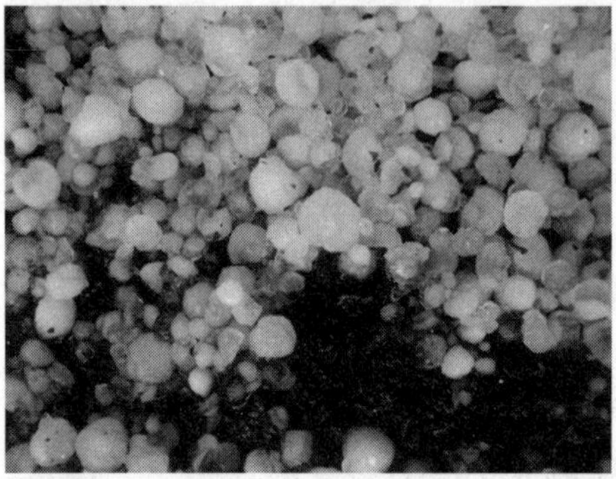
◆冰雹

◆雹灾

大气中有各种不同形式的空气运动，形成了不同形态的云。因对流运动而形成的云有淡积云、浓积云和积雨云等。人们把它们统称为积状云。积状云因对流强弱不同而形成各种不同云状，它们的云体大小悬殊。如果云内对流运动很弱，上升气流达不到凝结高度，就不会形成云，只有干对流。如果对流较强，可以发展形成浓积云，浓积云的顶部像花椰菜，由许多轮廓清晰的凸起云泡构成，云厚可以达 4～5 千米。如果对流运动很猛烈，就可以形成积雨云，云底黑沉沉，云顶发展很高，云层厚度可达 10 千米左右，云顶边缘变得模糊起来，云顶还常扩展开来形成砧状。一般积雨云可能产生雷阵雨，而只有发展特别强盛的积雨云，云体十分高大，云中有强烈的上升气体，云内有充沛的水分，才会产生冰雹，这种云通常也称为冰雹云。

冰雹云是由水滴、冰晶和雪花组成的。一般为三层：最下面一层温度在0℃以上，由水滴组成；中间温度为0℃至－20℃，由过冷却水滴、冰晶和雪花组成；最上面一层温度在－20℃以下，基本上由冰晶和雪花组成。

在冰雹云中气流是很强盛的，通常在云的前进方向，有一股十分强大的上升气流从云底进入又从云的上部流出。还有一股下沉气流从云后方中层流入，从云底流出。这里也就是通常出现冰雹的降水区。这两股有组织上升和下沉的气流与环境气流连通，所以一般强雹云中气流结构比较持续。强烈的上升气流不仅给雹云输送了充分的水汽，并且支撑冰雹粒子停留在云中，使它长到相当大时才降落下来。冰雹是种灾害天气，危害较大。

沙尘暴

◆沙尘暴

沙尘暴形成有三个要素：即强风、沙源和不稳定的空气。

强风 足够强劲持久的大风，是形成沙尘暴的动力条件。例如根据观测，当强沙尘暴形成时，如果风速每秒达到 30 米（11 级风），那么粗沙（直径 0.5～1.0 毫米）会飞离地面几十厘米，细沙（直径 0.125～0.25 毫米）会飞起 2 米高，粉沙（直径 0.0005～0.05 毫米）可达到 1.5 千米的高度，粘粒（直径小于 0.005 毫米）则可飞到更高的高度。

沙源 我国是世界上沙漠较多的国家之一，西北、华北和东北地区是我国沙漠和沙地集中分布的地方，这里沙漠和沙地面积达 70 万平方千米以上，沙漠中各式各样的沙丘，依照它们的稳定程度分为流动沙丘、半固定沙丘和固定沙丘。沙尘暴发生时，流动沙丘扬起沙尘的数量最大，半固定沙丘要小一些，固定沙丘最小。

不稳定的空气 让我们先看看生活中的一个实例。捅火炉的时候，炉火烧得正旺，轻轻一捅，常会使炉灰飞满屋子。而当炉火熄灭后，你使较大的劲一般也不会扬起灰尘，这就涉及空气稳定

除沙漠和沙地外，我国北方地区多属中纬度干旱和半干旱地区，地面多为稀疏草地和旱作耕地，植被稀少，加上人为破坏，当春季地面回暖解冻，地表裸露，狂风起时，沙尘弥漫，在本地及狂风经过的地带形成沙尘天气。

◆强沙尘暴

程度的问题了。炉火熄灭后，火炉上下的空气温度相差不大，因而空气稳定。当炉火燃烧很旺时，靠近火炉上空的空气热，离火炉较远的空气比较凉，热空气比冷空气轻，容易上升，所以火炉上面的空气是不稳定的。这样，被捅动的炉灰很容易随着热空气向上升，然后飘飞满屋。

在自然界里，沙尘暴起沙的道理也是这样的，如果低层空气温度较低，比较稳定，受风吹动的沙尘将不会被卷扬得很高；如果低层空气温度高，则不稳定，容易向上运动，风吹动后沙尘将会卷扬得很高，形成沙尘暴。实际上，我国沙尘暴一般在午后或午后至傍晚时刻最强，就是因为这是一天中空气最不稳定的时段。

小知识

除上述三大因素之外，人类生产活动等因素对沙尘暴的形成也很重要。如人为破坏植被、工矿交通建设、大规模施工等对地表的破坏，为沙尘暴发生提供了细沙和尘土。

友情提醒——沙尘暴的预防措施

一旦遇到沙尘暴天气临近时，应当采取以下几种常见方法进行科学防范。

1. 学校、幼儿园等单位要立即让学生进入室内，迅速关闭门窗。户外人员要迅速远离水渠、河岸、高压线、水井、吊车、大型广告牌等危险地段，到安全的地方躲避。

2. 电力、通信部门要注意安全保护，特别要防止线路中断，严防供电设备损坏后所引起的火灾危害。在公路上行驶的汽车应当打开防雾灯减速行驶，或者停靠在安全的地方停运避风。行驶在沙尘暴经过地区的火车，应当减速行驶，防止车箱侧翻。严防因沙尘暴气流夹裹的沙石打破车窗玻璃后而引起伤人事故。

◆沙尘暴突袭中原

3. 应当停止露天高空作业等，加固建筑塔吊等设备，加固各种蔬菜塑料大棚，对晾晒的物品进行覆盖保护。

4. 如果你是在野外来不及躲避沙尘暴时，一定要保持镇静，千万不要惊慌，应当选择在山坡（或土丘）背风一侧，采取顺着风向趴地，双手抓住坚固物体或将头部放于双臂中间等自我保护措施，减少沙尘对眼睛、呼吸道等造成损伤。

为什么台风的风眼中没有风？

台风是范围很大的一团旋转的空气，中心气压很低，四周围的空气绕着它的中心以反时针方向快速地旋转。低层空气边旋转边向低压中心流动，空气流动速度越快，风速也越大。

在台风中心平均直径约为40千米的圆面积内，通常称为台风眼。由于

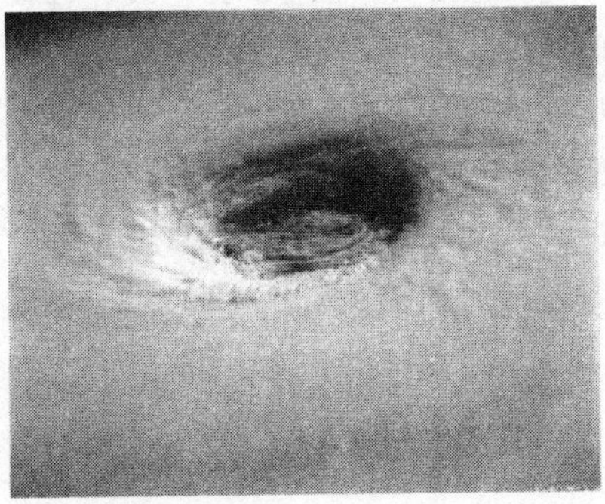
◆台风风眼

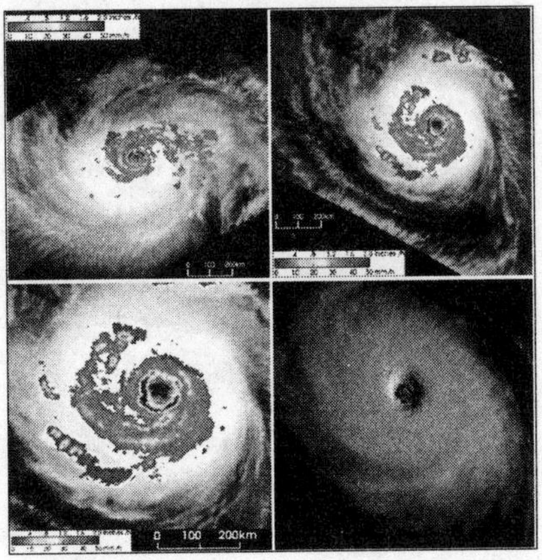

◆台风的红外成像

台风眼外围的空气旋转得太厉害，在离心力的作用下，外面的空气不易进入到台风的中心区内，因此台风眼区就像由云墙包围的孤立的管子。它里面的空气几乎是不旋转的，风很微弱。

台风眼外侧100千米左右的地区是狂风暴雨区。台风眼区外的空气向低压中心旋进，挟带着大量的水蒸气，由于不易进入眼区而在其外围上升，形成大片灰黑色臃肿高耸的云层，下着倾盆般的暴雨。而台风眼区内出现了下沉气流，因而云消雨散，夜间还能看到闪烁的星星。

知识库——台风的破坏性

◆台风“风神”造成菲律宾数十万人受困

台风的破坏性就要从它的分级来看了，国际上以其中心附近的最大风力来确定强度并进行分类，底层中心附近最大平均风速达到每秒32.7～41.4米时的热带气旋才可称为台风，这风力等级就是12级。据测，当风力达到12级时，垂直于风向平面上每平方米风压可达230千克。一次台风登陆，降雨中心一天之中可降下100～300毫米的大暴雨，甚至可达500～800毫米。台风暴雨造成的洪涝灾害，是最具危险性的灾害。台风暴雨强度大，洪水出现频率高，波及范围广，来势凶猛，破坏性极大。当台风移向陆地时，由于台风的强风和低气压的作用，使海水向海岸方向强力堆积，潮位猛涨，水浪排山倒海般向海岸压去。强台风的风暴潮能使沿海水位上升5～6米。风暴潮与天文大潮高潮位相遇，产生高潮位，导致潮水漫溢，海堤溃决，冲毁房屋和各类建筑设施，淹没城镇和农田，造成大量人员伤亡和财产损失。据有关资料，西太平洋沿岸国家平均每年因台风造成的经济损失为40亿美元。我国也是一个台风灾害严重的国家。

植物世界

早在30多亿年前，植物就作为最古老的一种生命形式出现在地球上，并且和人类相伴也已走过数百万年。但今天的科学家们大多认为，人类对植物的了解还远远不够。

让我们一起来看看花草树木的轶闻趣事吧。

最早的植物——藻类植物

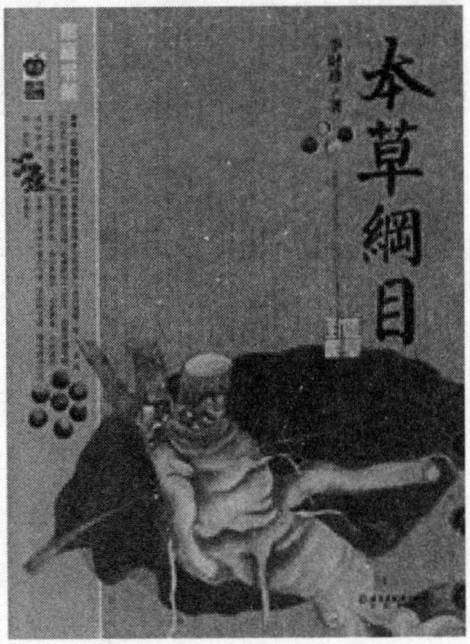

人们每当谈论起植物来总会首先想到的是路边的树、树下的草、草里的花。可植物存活于地球上如此之久的最初形态却并非如此，其实最早的植物就只是藻类。我们生活中常吃的紫菜就属藻类。大家可能每天都在吃它们，却不知它们的存在已有 20 多亿年了。我们现在每天看到的花草树木，就是经过漫长的时间从那些紫菜的近亲们进化而来的。这些不为我们所熟知的植物每天都陪在我们的身边，我们有必要深入了解它们以及它们的家族。

紫　菜

◆紫菜

早在 1400 多年前，中国北魏《齐民要术》中就已提到“吴都海边诸山，悉生紫菜”，以及紫菜的食用方法等。唐代孟诜《食疗本草》则有紫菜“生南海中，正青色，附石，取而干之则紫色”的记载。至北宋年间，紫菜已成为进贡的珍贵食品。明代李时珍在《本草纲目》一书中不但描述了紫菜的形态和采集方法，还指出紫菜主治“热气烦塞咽喉”，“凡瘿结积块之疾，宜常食紫菜”。

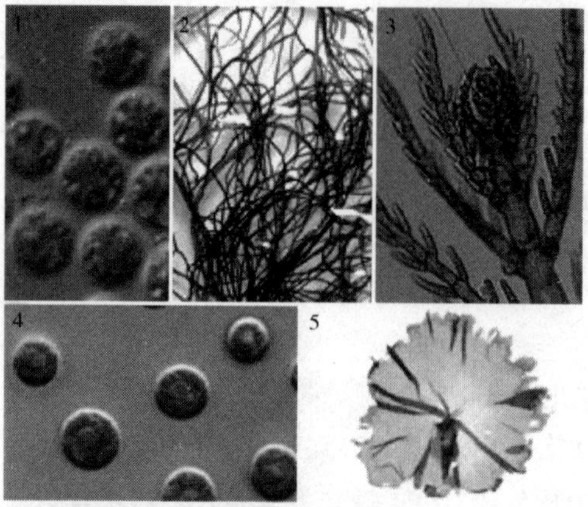

◆红藻门的藻类生存形态

紫菜是海洋中互生藻类的统称。叶状体由包埋于薄层胶质中的一层细胞组成，深褐、红色或紫色。同时紫菜还可以入药，制成中药，具有化痰软坚、清热利水、补肾养心的功效。紫菜属海产红藻。紫菜含有高达29%～35%的蛋白质以及碘、多种维生素和无机盐类，味鲜美，除食用外还可用以治疗甲状腺肿大和降低胆固醇，是一种重要的经济海藻。现已发现约70余种。自然生长的紫菜数量有限，产量主要来自人工养殖。

紫菜所属的红藻门，是藻类家族中比较大的一支。除少数属、种外，绝大多数产于海水中，固着生活。植物体除个别属、种外，都是多细胞的，通常为丝状、片状或树枝状。红藻在生活史中没有具鞭毛的运动细胞，红藻的生殖分为无性和有性两种，所以属于进化得较高等级藻类，约有760属，4410种，中国已知有127属，300种，分布于南北各海区。

链接——《本草纲目》

《本草纲目》是中国古代药学史上部头最大、内容最丰富的药学著作。作者是明朝的李时珍，撰成于万历六年（1578年），万历二十三年（1596年）在南京正式刊行。《本草纲目》共有52卷，载有药物1892种，其中载有新药374种，收集医方11096个，书中还绘制了1111幅精美的插图，方剂11096首（其中8000余首是李时珍自己收集和拟定的），约190万字，分为16部、60类。每种药物分列释名（确定名称）、集解（叙述产地）、正误（更正过去文献的错误）、修治（炮制方法）、气味、主治、发明、附方（收集民间流传的药方）等项。全书收录植物药有881种，附录61种，共942种，再加上具名未用植物153种，共计1095种，占全部药物总数的58%。李时珍把植物分为草部、谷部、菜部、果部、本部五部，又把草部分为山草、芳草、湿草、毒草、蔓草、水草、石草、苔草、杂草等九类，是我国医药宝库中的一份珍贵遗产，也是对16世纪以前中医药学的系统总结，被誉为“东方药物巨典”，对人类近代科学影响最大。

你知道吗

1. 紫菜含碘量很高，可用于治疗因缺碘引起的“甲状腺肿大”，紫菜有软坚散结功能，对其他郁结积块也有疗效；

2. 紫菜富含胆碱和钙、铁，能增强记忆、治疗妇幼贫血、促进骨骼、牙齿的生长和保健；含有一定量的甘露醇，可作为治疗水肿的辅助食品；

3. 紫菜所含的多糖具有明显增强细胞免疫和体液免疫功能，可促进淋巴细胞转化，提高机体的免疫力；可显著降低血清胆固醇的总含量；

4. 紫菜的有效成分对艾氏癌的抑制率达53.2%，有助于脑肿瘤、乳腺癌、甲状腺癌、恶性淋巴瘤等肿瘤的防治。

藻类植物

下面就来说说藻类家族中最原始的也是最庞大的一支蓝藻门。

蓝藻门，旧称蓝绿藻门，能进行光合作用放氧的原核生物。蓝藻在地球上已存在约30亿年，是最早的光合放氧生物，对地球表面从无氧的大气环境变为有氧环境起了巨大的作用。已知蓝藻约2000种，中国已有记录的约900种。蓝藻有极大的适应性，分布很广。淡水和海水中，潮湿和干旱的土壤或岩石上、树干和树叶上，温泉中、冰雪上，甚至在盐卤池、岩石

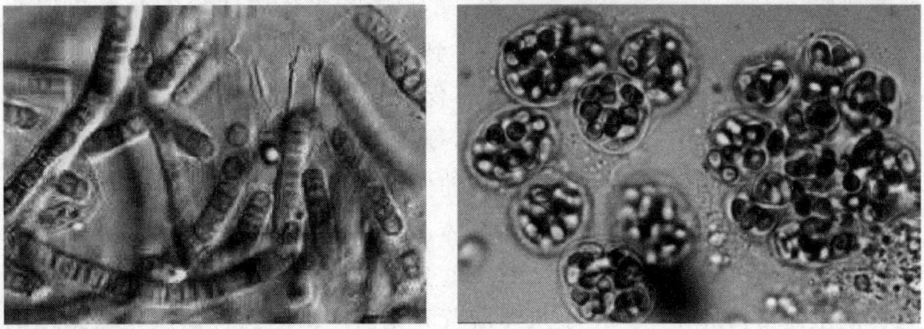

◆蓝藻

◆水华

◆赤潮

缝中都有它们的踪迹；有些还可穿入钙质岩石或介壳中（如穿钙藻类），或土壤深层中（如土壤蓝藻）。在热带、亚热带的中性或微碱性环境中生长旺盛。有许多种类是普生性的，如陆生的地耳，不仅在热带、亚热带、温带有，在寒带甚至南极洲也有。

蓝藻有单细胞个体，也有群体或细胞成串排列成藻丝的丝状体，不分枝、假分枝或真分枝，繁殖方式主要是分裂生殖，少数为无性生殖。蓝藻细胞同样不具有鞭毛，无真正的细胞核，核的组成物质染色质集中在细胞中央，无核膜和核仁，细胞内除含叶绿素和类胡萝卜素外，尚含有藻蓝素，部分种类还含有藻红素。色素不包在质体内，而是分散在细胞质的边缘部分。藻体因所含色素的种类和多寡不同而呈现不同的颜色。

蓝藻是一种对水环境极其敏感的藻类，水体中适量的蓝藻可以起到净化水源的作用。所以在水环境保护中，利用蓝藻吸收工业废水中氮、磷和其他化合物，降低水体中有害物质含量，起到一定的保护环境的作用。但是，我们经常在城市的池塘、湖泊、水沟中看到浓浊的蓝绿水体，其实这也是蓝藻。当水体中含有较多营养物质（特别是氮、磷）时，就会造成蓝藻过量繁殖，通常我们称这样的水体富营养化了。由于水体富营养化而产生的这种蓝藻大量繁殖的现象，在淡水里我们一般称为“水华”，在海水里我们称为“赤潮”。

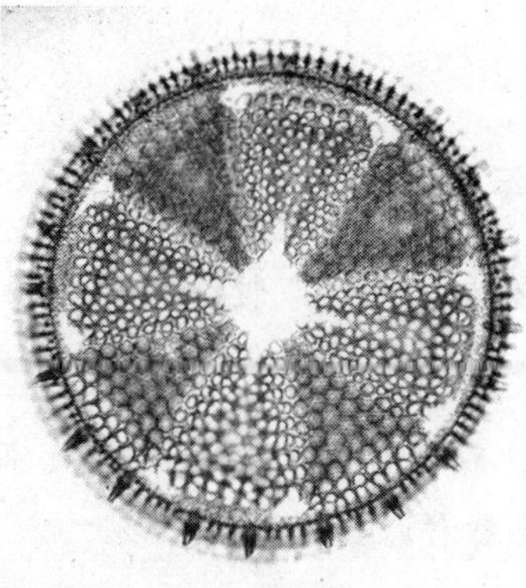

◆显微镜下的硅藻

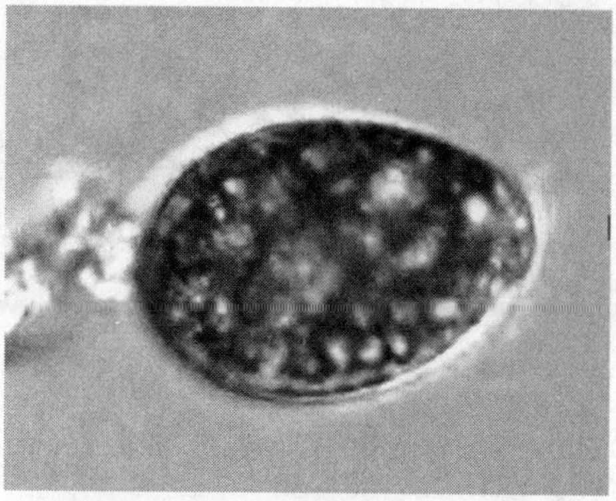

◆显微镜下的单细胞绿藻

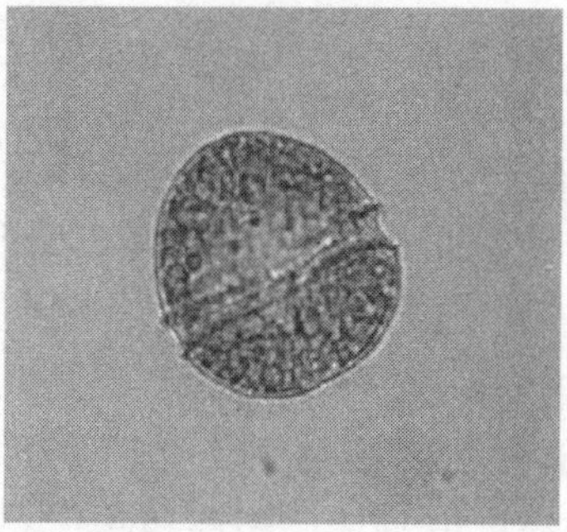

◆甲藻

◆显微镜下黄藻

蓝藻大量繁殖导致养鱼池水缺氧而使鱼浮头甚至死亡，也会影响紫菜、蛏、蛤等的正常生长。此外，水华和赤潮发生时，蓝藻的有毒突变种分泌的毒素以及腐藻分解时散发的腐臭将影响饮用水源的水质，使人畜中毒。

藻类中还有甲藻门、黄藻门、硅藻门、绿藻门等十多个分支，它们共同构成了一个庞大的藻类植物家族，是我们每天呼吸的空气中氧气的最初制造者，也是生命的初级形式之一。

其他植物家族
——苔藓植物、蕨类植物、种子植物

植物除了包含有藻类，还有蕨类植物、苔藓植物和种子植物三大家族。已知的物种一共有35万多。下面我们就来看看这些熟悉的身影。

苔藓植物

◆石阶上的青苔

◆苔藓

潮湿的墙壁、石阶、地面上容易长有青苔，它们的存在总会让我们走路时倍加小心，因为大家都知道有青苔的地方都很滑。青苔就是苔藓植物的一种。

大部分苔藓植物高2～5厘米，少数种高达30厘米。苔藓植物广布世界各地，从极地到热带均可见，在潮湿的环境中最为繁茂，但无海生者，对长期干燥和冰冻的条件均极能耐受。泥炭苔属的种类对人类有重要的经济价值，可用于农业、园艺业，也是能源。某些苔藓植物用作观赏植物，如在苔藓植物园内。

苔藓植物是绿色自养性的陆生植物，植物体是配子体，它是由孢子萌发成原丝体，再由原丝体发育而成的。苔藓植物一般较小，通常看到的植物体（配子体）大致可分成两种类型：一种是苔类，保持叶状体的形

> 苔藓植物一般都有很大的吸水能力，尤其是当密集丛生时，其吸水量高时可达植物体干重的15～20倍，而其蒸发量却只有净水表面的1/5。因此，在防止水土流失上起着重要的作用。

状；另一种是藓类，开始有类似茎、叶的分化。苔藓植物没有真根，只有假根（是表皮突起的单细胞或一列细胞组成的丝状体），起支持固定作用。茎内组织分化水平不高，仅有皮部和中轴的分化，没有真正的维管束构造。叶多数是由一层细胞组成，既能进行光合作用，也能直接吸收水分和养料。

从苔藓植物的结构可以得出，它是最原始的陆生植物之一，而最早期苔藓植物的化石发现于晚泥盆纪（3.74 亿年前至 3.60 亿年前），形似藓纲叉藓目植物。现在已知的苔藓植物全世界约 23000 种，我国约有 2800 种，药用的有 43 种。

苔藓植物是继蓝藻、地衣之后，生活于沙碛、荒漠、冻原地带及裸露的石面或新断裂的岩层上，在生长的过程中能不断地分泌酸性物质，溶解岩面，本身死亡的残骸亦堆积在岩面之上，年深日久，即为其他高等植物创造了生存条件，因此它是植物界的拓荒者之一。

它们有很强的适应水湿的特性，特别是一些适应水湿很强的种类，如泥炭藓属、湿原藓属、大湿原藓属、镰刀藓属等，在湖边、沼泽中大片生长时，在适宜的条件下，上部能逐年产生新枝，下部老的植物体逐渐死亡、腐朽，因此在长时间内上部藓层逐渐扩展，下部死亡，腐朽部分越堆越厚，可使湖泊、沼泽干枯，逐渐陆地化，为陆生的草本植物、灌木、乔木创造了生活条件，从而使湖泊、沼泽演变为森林。它们的叶只有一层细胞，二氧化硫等有毒气体可以从背腹两面侵入叶细胞，使苔藓植物无法生存。人们利用苔藓植物的这个特点，把它当做检测空气污染程度的指示植物，还可以保持水土，蓄积水分。

◆苔藓

点　击

大自然中，苔藓植物在贫瘠的地形启动土壤的形成，保持土壤的湿度，并使营养物质在森林植被中反复循环。苔藓植物可见于岩石、原木上及枯枝落叶层上，其生长形式与可获得的湿度和阳光等条件有关。苔藓植物与维管植物的不同之处，在于每个孢子体只产生一个孢蒴，而维管植物的孢子体可产生多个孢子囊；与维管植物相反，苔藓植物的配子体发达，而孢子体退化。

蕨类植物

◆蕨类植物

◆金星蕨

蕨类植物是植物中主要的一类，是高等植物中比较低级的一门，也是最原始的维管植物。大都为草本，少数为木本。蕨类植物孢子体发达，有根、茎、叶之分，不具花，以孢子繁殖，世代交替明显，无性世代占优势。通常可分为水韭、松叶蕨、石松、木贼和真蕨五纲，共约 12000 种。在中国的蕨类大多分布于长江以南各省区。在繁殖过程中，所有的蕨类植物都需要静止的水，新生的植物只能存活在肥沃的地方。因此不容易在整年干燥的地方或四季变化极大的地点看见它们的踪迹，以致身边可能比较少见到蕨类植物家族的成员。不过说到蕨菜，吃过的同学一定不陌生。它就是典型的蕨类植物。

4.00 亿年前（志留纪），绿藻

摆脱了水域环境的束缚，首次登陆大地，进化为蕨类植物，为大地首次添上绿装。蕨类植物没有花，也没有果实和种子，蕨类植物孢子体发达，有根、茎、叶之分，以孢子繁殖。蕨类植物的繁殖方式有个特点：世代交替，就是在植物生活史中，第一代为无性繁殖世代，而第二代成为有性繁殖世代。

蕨类植物是高等植物中比较原始的一大类群，也是最早的陆生植物。这种植物是生长在山野的草本，有着顽强而旺盛的生命力，遍布于全世界温带和热带。

全世界蕨类植物约有 1.2 万种。蕨类植物用途很广。很多种类可供食用，嫩芽作蔬菜，如蕨菜，清香可口，有“山珍之王”的美誉。

广角镜——桫椤（植物“活化石”）

◆桫椤

桫椤树为白垩纪时期遗留下来的珍贵树种，是现今仅存的木本蕨类植物。据资料显示，桫椤的出现距今约 3 亿多年，比恐龙的出现还早 1.5 亿多年，是研究植物形成、植物地理学及地球历史变迁的好材料，具有重要的保护价值和科学研究价值。故有“活化石”之称的桫椤，被列为国家一类保护植物。桫椤是远古草食性恐龙的主要食物，也是研究古生物、古地理和古气候难得的“活化石”。

种子植物

种子植物是植物界最高等的类群。所有的种子植物都有两个基本特征：(1) 体内有维管组织——韧皮部和木质部；(2) 能产生种子并用种子繁殖。种子植物可分为裸子植物和被子植物。裸子植物的种子裸露着，其

◆裸子植物

外层没有果皮包被。被子植物种子的外层有果皮包被。

种子最早产生于裸子植物中的种子蕨目，其中最原始的化石种子蕨植物在上泥盆纪地层中发现。种子植物和蕨类植物同具有世代交替。

裸子植物，种子植物中较低级的一类，具有颈卵器，既属颈卵器植物，又是能产生种子的种子植物。它们的胚珠外面没有子房壁包被，不形成果皮，种子是裸露的，故称裸子植物。裸子植物很多为重要林木，尤其在北半球，大的森林80%以上是裸子植物，如落叶松、冷杉、华山松、云杉等。多种木材质轻、强度大、不弯、富弹性，是建筑、车船、造纸很好的用材。我们常见到的松树、柏树、杉树、铁树就是属于裸子植物。

◆被子植物的花

裸子植物是原始的种子植物，其发生发展历史悠久。最初的裸子植物出现在古生代，在中生代至新生代，它们是遍布各大陆的主要植物。现代生存的裸子植物有不少种类出现于第三纪，后又经过冰川时期而保留下来，并繁衍至今。据统计，目前全世界生存的裸子植物约有850种，隶属于79属和15科，其种数虽仅为被子植物种数的0.36%，但却分布于世界各地，特别是在北半球的寒温带和亚热带的中山至高山带常组成大面积的各类针叶林。我国有5纲，8目，11科，41属，236种及一些变种和栽培种。

被子植物或显花植物是演化阶段最后出现的植物种类。被子植物还可分为双子叶植物和单子叶植物两种，它们首先出现在白垩纪早期，在白垩纪晚期占据了世界上植物界的大部分。被子植物的种子藏在富含营养的果实中，那里成为了生命发展很好的环境。受精作用可由风当传媒，大部分则是由昆虫或其他动物传导，使得显花植物能广为散布。

◆被子植物发芽

被子植物是植物界最高级的一类，是与裸子植物相比较而得出的。自新生代以来，它们在地球上占着绝对优势。现知被子植物共 1 万多属，约 20 多万种，占植物界的一半，中国有 2700 多属，约 3 万种。被子植物能有如此众多的种类，有极其广泛的适应性，这和它的结构复杂化、完善化分不开的，特别是繁殖器官的结构和生殖过程的特点，提供了它适应、抵御各种环境的内在条件，使它在生存竞争、自然选择的矛盾斗争过程中，不断产生新的变异，产生新的物种。被子植物为人类提供食物、住所、衣料、药品和花卉，是最重要的食物来源，如禾谷类（特别是稻、小麦和玉蜀黍）、甘蔗、马铃薯、块茎蔬菜和果品。

被子植物的习性、形态和大小差别很大，从极微小的青浮草到巨大的乔木桉树。

名人介绍：达尔文与进化论

达尔文，英国博物学家，进化论的奠基人。1831～1836 年，他以博物学家的身份参加了英国派遣的环球航行，作了五年的科学考察。在动植物和地质方面进行了大量的观察和采集，经过综合探讨，形成了生物进化的概念。1859 年出版了震动当时学术界的《物种起源》。书中用大量资料证明了形形色色的生物都不是上帝创造的，而是在遗传、变异、生存斗争中和自然选择中，由简单到复杂，由低等到高等，不断发展变化的，提出了生物进化论学说，从而摧毁了各种唯心的神造论和物种不变论。恩格斯将“进化论”列为 19 世纪自然科学的三大

◆达尔文

发现之一（其他两个是细胞学说，能量守恒和转化定律）。

1809 年 2 月 12 日，达尔文出生在英国的施鲁斯伯里。祖父和父亲都是当地的名医，家里希望他将来继承祖业，16 岁时便被父亲送到爱丁堡大学学医。

但达尔文从小就热爱大自然，尤其喜欢打猎、采集矿物和动植物标本。进到医学院后，他仍然经常到野外采集动植物标本。父亲认为他“游手好闲”、“不务正业”，一怒之下于 1828 年又送他到剑桥大学，改学神学，希望他将来成为一个“尊贵的牧师”。达尔文对神学院的神创论等谬说十分厌烦，他仍然把大部分时间用在听自然科学讲座，自学大量的自然科学书籍。热心于收集甲虫等动植物标本，对神秘的大自然充满了浓厚的兴趣。

◆达尔文和《物种起源》

1828 年的一天，在伦敦郊外的一片树林里，一名大学生围着一棵老树转悠。突然，他发现在将要脱落的树皮下有虫子在里边蠕动，便急忙剥开树皮，发现两只奇特的甲虫，正急速地向前爬去。这名大学生马上左右开弓抓在手里，兴奋地观看起来。正在这时，树皮里又跳出一只甲虫，大学生措手不及，迅即把手里的甲虫藏到嘴里，伸手又把第三只甲虫抓到。看着这些奇怪的甲虫，大学生真有点爱不释手，只顾得意地欣赏手中的甲虫，早把嘴里的那只给忘记了。嘴里的那只甲虫憋得受不了啦，便放出一股辛辣的毒汁，把这大学生的舌头蜇得又麻又痛。他这才想起口中的甲虫，张口把它吐到手里，然后不顾口中的疼痛，得意洋洋地向市内的剑桥大学走去。这个大学生就是查理·达尔文。后来，人们为了纪念他首先发现的这种甲虫，就把它命为“达尔文”。

1859 年 11 月，达尔文经过 20 多年研究而写成的科学巨著《物种起源》终于出版了。在这部书里，达尔文旗帜鲜明地提出了“进化论”的思想，说明物种是在不断的变化之中，是由低级到高级、由简单到复杂的演变过程中。这部著作的问世，第一次把生物学建立在完全科学的基础上，以全新的生物进化思想，推翻了“神创论”和物种不变的理论。《物种起源》是达尔文进化论的代表作，标志着进化论的正式确立。

1882 年 4 月 19 日，这位伟大的科学家因病逝世，人们把他的遗体安葬在牛顿的墓旁，以表达对这位科学家的敬仰。

点　击

你能从达尔文的故事中得到什么启发吗？

你不知道的秘密——植物趣谈

我们知道，身边的花草树木除了有美化人类居住环境的作用，还有就是通过它们的光合作用提供给人类清洁的氧气。但是，大家可能还不知道，植物不是简单地每天站在原地制造氧气和美化环境，它们也是生命体，也会休息，也会有对话，也会有喜怒哀乐……

植物也会“睡觉”?

◆红三叶草

◆合欢树

植物也会犯困，植物也需要睡眠，这确是事实。花儿要睡觉，叶片也会睡眠，而且它们还有一定的睡眠姿势呢！豆科植物的羽状复叶上的小叶片能够昼开夜合。例如有一种叫红三叶草（也叫红花苜蓿）的豆科植物小草，在阳光下，人们看到的是它的每个叶柄上的三片小吐都展开在空中。夜幕降临时，三片小叶就折叠在一起垂下头来开始睡眠。这就是植物睡眠的典型现象。这种昼开夜合的变化在近似24小时的周期中反复发生，即使在完全黑暗中也仍然照样进行。植物学家称这种现象为睡眠运动。植物体内的生物钟最早就是从这种现象发现的。

植物睡眠在植物生理学中被称为睡眠运动，它不仅是一种有趣的自然现象，而且是个科学之谜。每逢晴朗的夜晚，人们只要细心观察，就会发现一些植物已发生了奇妙的变化。比如常见的合欢树，它的叶子由许多小羽片组合而成，在白天舒展而又平坦，一到夜幕降临，那无数小羽片就成双成对地折合关闭，好像被手碰过的含羞草。

◆睡莲

不仅植物的叶子有睡眠要求，就连娇柔艳丽的花朵也需要睡眠。生长在水面的睡莲花，每当旭日东升之时，它那美丽的花瓣就慢慢舒展开来，似乎刚从梦境中苏醒，而当夕阳西下时，它又闭拢花瓣，重新进入睡眠状态。由于它这种“昼醒晚睡”的规律性特别明显，故而得此“睡莲”芳名。

轶闻趣事——植物睡眠成因

首先是夜晚比白天冷，夜晚闭合叶子和花朵，可以避免寒露和霜冻的侵袭。其次是闭合可减少水分的蒸发，有保持适当湿度的作用，还有就是热带植物的叶子往往在白天闭合，也是为了减少叶面水分的蒸发，再有就是夜晚开花的植物白天睡眠，有防止水分和体温过多散发及防止昆虫捣乱的作用。此外还有钾离子浓度改变及生物钟控制等等的解释。

总而言之，植物睡眠与人和动物睡眠一样，都是一种自我保护本领，是为了自身的更好生存和发展。

科学家经过试验证实，在相同的环境中，具有睡眠运动的植物生长速度较快，并比不进行睡眠活动的植物具有更强的竞争性，这也是植物长期以来适应昼夜温差变化而形成的一种遗传性特征。

随着研究的深入，科学家还发现了植物睡眠的有意思的事，植物竟与人一样也有午睡的习惯。原来，植物的午睡是指中午大约11时至下午2时，叶子的气孔关闭，光合作用明显降低这一现象。科学家认为，植物午睡主要是由于大气环境的干燥和火热引起的，午睡是植物在长期进化过程中形成的一种抗衡干旱的本能，为的是减少水分散失，以便在不良环境下生存。

植物有“血型”？

◆显示出血型的 79 种植物中，半数为 O 型，如草莓

我们知道植物跟动物的最大区别在于，植物能进行光合作用是因为细胞中含有叶绿体，而动物细胞里则没有。但是，动物有血型，植物也能有吗？下面就来看看科学家是怎么看的。

所谓植物的“血”，指的是植物的体液（营养液）。植物的“血型”实际是由体液中某种细胞的外膜结构的差异决定的。人们说的“植物血型”，不过是通俗的讲法，确切地说或科学地说，应该是“植物体液液型”。经研究证实，植物体内存在的“体液液型”是异类带糖基的蛋白质或多糖链，或称凝集素。有的植物的糖基恰好同人体内的血型糖基相似。不同的血型糖基决定了不同的血型。

科学家经研究证实，植物体内确实存在异类带糖基的蛋白质或多糖链，如果以人体的抗血清进行鉴定血型反应，植物体内的糖基也会与人体抗血清发生反应，从而显示出植物体糖基有相似于人的血型。

小知识

一位日本科学家研究了 500 多种被子植物和裸子植物的种子和果实，发现其中 60 种有 O 型血型，24 种有 B 型血型，另一些植物有 AB 型血型，但就是没有找到能够判定是 A 型的植物。

万花筒

科学家对植物界做了深入研究，得出这样的结论：如果植物糖基合成达到一定的长度，在它的尖端就会形成血型物质，然后合成就停止了。血型物质的黏性大，似乎担负着保护植物体的任务。但是，植物界为什么会存在血型物质？为什么又找不到A型的植物？这些问题至今仍是不解之谜。

植物也有“呼吸”？

这里所说的“呼吸”，其实是指植物的呼吸作用。植物的呼吸作用是高等植物代谢的重要组成部分。植物活细胞通过呼吸作用将物质不断分解，为植物体内的各种生命活动提供所需能量和合成重要有机物的原料，同时还可增强植物的抗病力。呼吸作用是植物体内代谢的枢纽。呼吸作用根据是否需氧，分为有氧呼吸和无氧呼吸两种类型。在正常情况下，有氧呼吸是高等植物进行呼吸的主要形式，但在缺氧条件和特殊组织中植物可进行无氧呼吸，以维持代谢的进行。

呼吸作用中，呼吸底物被彻底氧化，最终释放 CO_2 和产生水，同时将底物中的能量转化成三磷酸腺苷（ATP）形式的活跃活化能。植物就是通过呼吸作用将能量存储起来，用以提供其他代谢活动的能量消耗。

轶闻趣事——植物有脉搏？

近些年，一些植物学家在研究植物树干增粗速度时发现，它们都有着自己独特的“情感世界”，还具有明显的规律性。植物树干有类似人类“脉搏”一张一缩跳动的奇异现象，或许有一些人会问，植物的“脉搏”究竟是怎么回事？

原来，每逢晴天丽日，太阳刚从东方升起时，植物的树干就开始收缩，一直延续到夕阳西下。到了夜间，树干停止收缩，开始膨胀，并且会一直延续到第二天早晨。植物这种日细夜粗的搏动，每天周而复始，但每一次搏动，膨胀总略大于收缩。于是树干就这样逐渐增粗长大了。可是遇到下雨天，树干“脉搏”几乎

◆阔叶树

完全停止。降雨期间，树干总是不分昼夜地持续增粗，直到雨后转晴，树干才又重新开始收缩，这算得上是植物“脉搏”的一个“病态”特征。

如此奇怪的脉搏现象，是植物体内水分运动引起的。经过精确的测量，科学家发现，当植物根部吸收水分与叶面蒸腾的水分一样多时，树干基本上不会发生粗细变化。但如果吸收的水分超过蒸腾水分时，树干就要增粗，相反在缺水时树干就会收缩。

了解这个道理，植物“脉搏”就很容易理解了。在夜晚，植物气孔总是关闭着的，这使水分蒸腾大大减少，所以树就增粗。而白天，植物的大多数气孔都开放，水分蒸腾增加，树干就趋于收缩。有相当多木本植物都有这种现象，但是“脉搏”现象特别明显的，还当属一些速生的阔叶树种。

植物界的擂台赛——树木之最

地球上的植物有的高大粗壮，有的纤小柔弱，有的寿命很长，有的只有短暂的寿命……下面我们来细数植物之最。

最高的树

如果举办世界树木界高度竞赛的话，那只有澳洲的杏仁桉树，才有资格得冠军。

◆杏仁桉树

杏仁桉树一般都高达100米，其中有一株，高达156米，树干直插云霄，有五十层楼那样高。在人类已测量过的树木中，它是最高的一株。

这种树基部周围长达30米，树干笔直，向上则明显变细，枝和叶密集生在树的顶端。叶子生得很奇怪，一般的叶是表面朝天，而它是侧面朝天，像挂在树枝上一样，与阳光的投射方向平行。这种古怪的长相是为了适应气候干燥、阳光强烈的环境，减少阳光直射，防止水分过分蒸发。

中国最高大的阔叶乔木——望天树

我国著名的云南西双版纳热带密林中，在20世纪70年代发现了一种擎天巨树，它那秀美的姿态，高耸挺拔的树干，昂首挺立于万木之上，使人无法仰头望见它的树顶，甚至灵敏的测高器在这里也无济于事。因此，人们称它为望天树。当地傣族人民称它为“伞树”。

◆望天树

望天树一般可高达60米左右。人们曾对一棵望天树进行测量和分析，发现望天树生长相当快，一棵70岁的望天树竟高达50多米。个别的甚至高达80米，胸径一般在130厘米左右，最大可到300厘米。这些都是世上所罕见的巨树！

由于望天树具有很高的科学价值和经济价值，而它的分布范围又极其狭窄，所以被列为我国的一级保护植物。

中国最矮的树

一般的树木能长到20～30米高。在温带的树林下，生长着一种小灌木，叫紫金牛，绿叶红果，人们都很喜爱它，常常把它作为盆景。它长得最高也不过30厘米，因此大家给它起一个绰号，叫它“老勿大”。其实“老勿大”比起世界最矮的树来要高6倍。这最矮的树叫矮柳，生长在高山冻土带。它的茎匍伏在地面上，抽出枝条，长出像杨柳一样的花序，高不过5厘米。如果拿杏仁桉树的高度与矮柳相比，一高一矮相差15000倍。与矮柳差不多高的矮个子树，还有生长在北极圈附近高山上的矮北极桦，据说那里的蘑

◆老勿大

菇，长得比矮北极桦还要高。

最粗的树

◆百马树

在欧洲有这样一个有趣的传说：一次，古代阿拉伯国王和王后带领百骑人马到地中海的西西里岛的埃特纳山游览，突然天下大雨，百骑人马连忙躲避到一棵大栗树下，树荫正好给他们遮住雨。于是国王把这棵大栗树命名为“百骑大栗树”。

据国外1972年报道，在西西里岛的埃特纳山边，确有一棵叫“百马树”的大栗树，树干的周长竟有55米左右，需30多个人手拉着手才能围住它。树下部有大洞，采栗的人把那里当宿舍或仓库用。这的确是世界上最粗的树。

体积最大的树

地球上的植物，有的个体非常微小，有的个体却很庞大。像美国加利福尼亚的巨杉，长得又高又胖，是树木中的“巨人”，所以又名世界爷。

这种树一般高100米左右，其中最高的一棵有142米，直径有12米，树干周长为37米，需要20来个成年人才能抱住它，它几乎上下一样粗。它已经活了有3500年以上了。

杏仁桉树虽然比巨杉高，但它是个瘦高个，论体积它没有巨杉那样大，所以巨杉是世界上体积最大的树。地球上再也没有体积比它更大的植物了。

◆世界爷

巨杉的经济价值也较大，是枕木、电线杆和建筑上的良好材料。巨杉的木材不易着火，有防火的作用。

树冠最大的树

◆孟加拉榕树

据说曾有一支六七千人的军队在一株大榕树下乘过凉。当地人们还在一棵老的孟加拉榕树下，开办了一个人来人往、熙熙攘攘的市场。世界上再没有比这再大的树冠了。

俗话说，“大树底下好乘凉”。你知道什么树可供乘凉的人数最多？这要数孟加拉的一种榕树，它的树冠可以覆盖一万平方米左右的土地。

孟加拉榕树不仅枝叶茂密，而且它能由树枝向下生根。这些根有的悬挂在半空中，从空气中吸收水分和养料，叫“气根”。多数气根直达地面，扎入土中，起着吸收养分和支持树枝的作用。直立的气根活像树干，一棵榕树最多的可有 4000 多条根，从远处望去，像是一片树林。因此，当地人又称这种榕树为“独木林”。

◆欧洲山毛榉

最高的树篱

在房子、菜园、果园等周围，栽上一圈树木好像围墙，这叫作树篱，或叫绿篱。

人们常用花儿美丽的木槿、满身长刺的枸桔、四季常青的女贞以及秋后叶红的三角枫等树种作为树篱。木槿、枸桔是长不高的灌木，女贞、三角枫虽然能长高，但因栽得紧密，时常修剪，所以一般也只有 5～6 米高。在英国苏格兰，用山毛榉树作为树篱，这种树修剪以后仍有 25 米高，有的高达 30 米。这是世界上最高的树篱。

比钢铁还要硬的树

◆铁桦树

你也许没有想到会有一种比钢铁还硬的树吧？这种树叫铁桦树。子弹打在这种木头上，就像打在厚钢板上一样纹丝不动。

这种珍贵的树木高约 20 米，树干直径约 70 厘米，寿命约 300～350 年。树皮呈暗红色或接近黑色，上面密布着白色斑点。树叶是椭圆形。它的产区不广，主要分布在朝鲜南部和朝鲜与中国接壤地区，苏联南部海滨一带也有一些。

树木中的老寿星

俗话说“人生七十古来稀”，人活到百岁就算长寿了。但是人的年龄比起一些长寿的树木来，简直微不足道。

许多树木的寿命都在百年以上。杏树、柿树可以活 100 多年。柑树、橘树、板栗树能活到 300 岁。杉树可活 1000 岁。南京的一株六朝松已有 1400 年的历史了，但是，它并不算老。曲阜的桧柏还是 2400 年前的老古董呢。台湾省阿里山的红桧，竟有 3000 多年的历史。这是我国目前活着的寿命最长的树，但还算不上世界第一。

◆阿里山的红桧

最古老的、仍存活的树是生长于美国的狐尾松，有些已经超过了 4000 岁了。巨型红杉可能存活 5000～6000 年。

沙漠中的生机——神奇的沙漠植物

◆仙人掌

沙漠，一个不毛之地，那里干旱少雨，大多数植物都难以在沙漠中生存，因为水是生命赖以生存的物质。那么沙漠里有植物吗？它们是如何生存的？咱们就一起来看看吧。其实沙漠也有它的生机。

仙人掌

仙人掌，别名仙巴掌、霸王树、火焰、火掌、玉芙蓉，属于被子植物门，双子叶植物纲，石竹亚纲，石竹目沙漠植物的一个科。是墨西哥的国花。由于对沙漠缺水气候的适应，叶子演化成短短的小刺，以减少水分蒸发，亦能作阻止动物吞食的武器；茎演化为肥厚含水的形状；同时，它长出覆盖范围非常之大的根，用作下大雨时吸收最多的雨水。目前仙人掌科的植物将近有 2000 种。

◆食用仙人掌

仙人掌大多生长在干旱的环境里。有的呈柱形，高 10 多米，重量超过一万千克，巍然屹立，甚为壮观。一些长着棘刺的仙人球，有的寿命高达500年以上，可长成直径两三米的巨球，人们劈开它的上部，挖食柔嫩多汁的茎肉解渴充饥。仙人掌类植物还有一种特殊的本领，在干旱季节，它可以不吃不喝地进入休眠状态，把体内的养料与水分的消耗降到最低程度。当雨季来临时，它们又非常敏感地“醒”过来，根系立刻活跃起来，大量吸收水分，使植株迅速生长并很快地开花结果。有些仙人掌类植物的根系变成胡萝卜状，可贮存三四十千克水分。曾经有人把一个仙人球包在干燥的纸袋里放了两年多，尽管有些皱缩，但一种到盆里，浇水后又很快长出了新根，并恢复生长。仙人掌以它那奇妙的结构，惊人的耐旱能力和顽强的生命力，受到人类的赏识。

沙　柳

沙柳为沙漠植物，也是极少数可以生长在盐碱地的一种植物。其幼枝黄色，叶线形或线状披针形，枝条丛生不怕沙压，根系发达，萌芽力强，是固沙造林树种，其天敌为沙柳毒蛾，生于河谷溪边湿地，分布于内蒙古、河北、山西、陕西、甘肃、青海、四川等地。沙柳用于作北方防风沙的主力，是“三北防护林”的首选之一。

◆沙柳

沙柳形如火炬，具有干旱旱不死、牛羊啃不死、刀斧砍不死、沙土埋不死、水涝淹不死的“五不死”特性。沙柳属于速生，多年生灌木，成活率高，适应性强，抗旱耐贫瘠。春季来临时，风沙肆虐，沙丘平移，不管沙柳被埋得多深，只要露一个头在外面，它就能够茁壮成长，虽然不怕干旱，但雨水充足它也能够一样生长。它不怕牛羊啃，即使把四周的皮都啃光了，只要在里边有一枝牛羊够不着，过不了多长时间又恢复了生机，长出地面三四米高，扎于地下像网一样向四处延伸以寻求养分，根系非常发达，最远能够延伸到100多米，一株沙柳就可将周围流动的沙漠牢牢固住。

沙柳这种沙生灌木还能像割韭菜一样，具有“平茬复壮”的生物习性。人们用刀齐根砍下这些沙柳，再切成七八十厘米就成了新苗了。这时，砍过的沙柳并没有死，它们默默地孕育着，等待来年春天的新生。三年成材，越砍越旺，这是沙柳的本性。可是，如果不去砍掉长成的枝干，到不了7年，它们就会成为枯枝。

骆驼刺

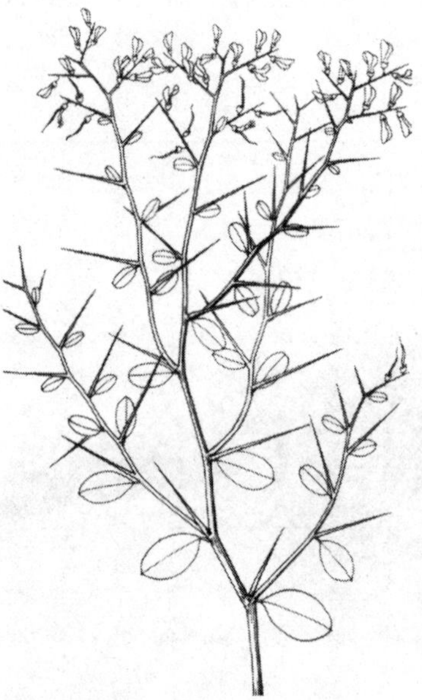
◆骆驼刺

骆驼刺，顾名思义，就是连骆驼那么不计较草料的食草动物，都对其不感兴趣的草。但是，它们的生长能力却很强，在饱受风沙侵蚀的西北大地上顽强地生长，并且规模很大。骆驼刺，为骆驼刺属，蝶形花科，主要分布于地中海区，中国有的骆驼刺只有一种，产于西北，可植为绿篱。骆驼刺属落叶灌木。枝上多刺，叶长圆形，花粉红色，6月开花，8月最盛，每朵花可开放20余天，结荚果，总状花序，根系一般长达20米。因为这种植物茎上长着刺状的很坚硬的小绿叶，故叫骆驼刺，但它毕竟是草本植物，是戈壁滩和沙漠中骆驼唯一能吃的赖以生存的草，故又名骆驼草。骆驼草往往长成半球状，大的一簇簇直径有一二米，一般的一丛丛直径有半米左右，小的星星点点无计其数。

小知识

骆驼刺有花内和花外两种蜜腺，花外蜜腺泌汁凝成糖粒，称为刺糖。

光棍树

◆光棍树

光棍树属大戟科灌木，高可达4～9米，原产东非和南非的热带沙漠地区。它的叶是一种变态叶。因它的枝条碧绿，光滑，有光泽，所以人们又称它为绿玉树或绿珊瑚。

光棍树的白色乳汁有剧毒，观赏或栽培时需特别小心，千万不能让乳汁进入人的口、耳、眼、鼻或伤口中，但这种有毒的乳汁却能抵抗病毒和害虫的侵袭，从而起到保护树体的作用。另据实验表明，光棍树乳汁中碳氢化合物的含量很高，是很有希望的石油植物。

光棍树原产东非和南非，为适应环境，原来有叶子的光棍树经过长期进化，叶子逐渐消失。虽然没有绿叶，但光棍树的枝条里含有大量的叶绿素，能代替叶子进行光合作用。不过，如果把光棍树种在温暖潮湿的地方，它为了适应湿润环境，也可能会长出一些小叶片，用来蒸发多余水分。

沙漠大黄

◆沙漠大黄

沙漠大黄是世界上已知唯一一种可以自行浇灌的植物。以色列科学家日前在该国沙漠地区发现了一种可以自行浇灌的植物，这种植物是一种大黄，其独特的叶子结构可以令雨水直接流到根部。它们每年一般可以积聚4.2升水，而最大的可以积聚43.8升水。在世界其他沙漠地区尚未发现类似的植物。

胡杨

◆胡杨

胡杨，又称胡桐，为杨柳科落叶乔木。生长在沙漠，它耐寒、耐旱、耐盐碱、抗风沙，有很强的生命力。“胡杨生而千年不死，死而千年不倒，倒而千年不烂”。胡杨是生长在沙漠的唯一乔木树种，且十分珍贵，可以和有“植物活化石”之称的银杏树相媲美。它曾经广泛分布于中国西部的温带暖温带地区，新疆库车千佛洞、甘肃敦煌铁匠沟、山西平隆等地；如今，除了柴达木盆地、河西走廊、内蒙古阿拉善一些流入沙漠的河流两岸还可见到少量的胡杨外，中国胡杨林面积的90%以上都蜷缩于新疆，而其中的90%又集中在新疆南部的塔里木盆地。

胡杨属落叶乔木，是第三世纪残余的古老树种，是一种因沙化后而特化的植物，其珍贵与银杏齐名，有活化石之称。

它生长在最恶劣、最残酷的气候环境之中，它是一种极为神奇的群体，它们耐寒、耐热、耐碱、耐涝、耐干旱，用不屈不挠的身躯阻挡了沙暴对绿洲的侵袭，组成一条雄伟壮阔的绿色长廊，创造了“丝绸之路”的文明。

梭梭树

梭梭树是一种长在沙地上的固沙植物，也可以作为牲畜的饲料，名贵中药苁蓉就寄生在梭梭树的根部。苁蓉具有独特的补肾、抗老年痴呆、保肝、通便、肿瘤辅助治疗、抗辐射等10多种药用功能。

◆梭梭树

梭梭树具有极强的生命力，它的树冠常年经受烈日的烘烤和狂风的撕扯，却执著地吸取着大地的精华，并用其来之不易的精华毫不保留地滋润着荒漠肉从蓉。

梭梭树的种子，被认为是世界上寿命最短的种子，因为它只能活几个小时。但是它的生命力很强，只要有一点点水，在两三个小时内就会生根发芽。对于梭梭树来说，这亦是适应沙漠严酷环境的结果。

万花筒

据统计，世界上的胡杨绝大部分生长在中国，而中国90%以上的胡杨又生长在新疆的塔里木河流域。目前被誉为世界最古老、面积最大、保存最完整、最原始的胡杨林保护区则在轮台县境内，每年都吸引了世界各地成千上万的游客来观瞻和考察。

打破生态平衡——植物的入侵

植物也会入侵？听起来有点危言耸听。大家都以为植物是人类美化环境的好帮手，却不知道植物也有危险的一面。俗话说："树挪死，人挪活。"我们下面就会发现这句话太片面了，不少植物挪个地方会活得更"滋润"，而且还会表现出"丑恶"的一面。最后，大家会发现终究还是人类对植物的不了解造成了入侵植物的出现。

紫茎泽兰

◆紫茎泽兰

紫茎泽兰，别名解放草，马鹿草，破坏草，黑头草，大泽兰，系菊科泽兰属，多年生草本植物。茎紫色、被腺状短柔毛。叶对生、卵状三角形，边缘具粗锯齿。头状花序，直径可达 6 毫米，排成伞房状，总苞片三四层，小花白色。株高 1～2.5 米。有性或无性繁殖。

紫茎泽兰原产于美洲的墨西哥至哥斯达黎加一带，大约 20 世纪 40 年代紫茎泽兰由中缅边境传入云南南部，至目前为止，云南 80%面积的土地都有紫茎泽兰分布。西南地区的云南、贵州、四川、广西、西藏等地都有分布，大约以每年 10～30 千米的速度向北和向东扩散。

1935 年我国在云南南部首次发现紫茎泽兰，随河谷、公路、铁路自南向北传播。它侵占农田、林地，与农作物和林木争水、肥、阳光和空间，能分泌化感物，排挤邻近多种植物，严重破坏当地生态平衡；堵塞水渠，阻碍交通；全株有毒，更糟糕的是，紫茎泽兰的种子上面有很多细毛，牛吃了消化不了，会得严重的胃病，危害畜牧业等。

小知识

目前已被列入我国首批外来入侵植物，排在第一位。

水葫芦

◆水葫芦

水葫芦，学名凤眼莲，为雨久花科，凤眼莲属，多年生宿根浮水草本植物。无性繁殖能力极强。由腋芽长出的匍匐枝即形成新株。母株与新株的匍匐枝很脆嫩，断离后又可成为新株。有了这个特性，使得水葫芦由本来被看做是净化水质的良好植物一举成为危害极大的入侵植物之一。由于水葫芦对其生活的水面采取了野蛮的“封锁”策略，挡住阳光，导致水下植物得不到足够光照而死亡，其生长需要吸收氧气，从而导致水生动物因缺氧而死亡，破坏水下动物的食物链。同时，任何大小船只也别想在水葫芦的领地里来去自由。不仅如此，水葫芦还有富集重金属的能力，它死后腐烂体沉入水底形成重金属高含量层，直接杀伤底栖生物，严重破坏水体的生态平衡。

豚　草

豚草又名艾叶破布草、美洲艾，隶属于菊科豚草属，为一年生草本植物。目前该杂草已由北美洲扩散到世界许多地区，约于20世纪30年代传入我国东北地区。近年来随着国内外交流的日益增多，导致豚草的种子被

◆豚草

带到我国各地，并迅速蔓延，目前已在东北、华北、华中、华东等15个省区发现，并形成沈阳、南京、南昌、武汉4个扩散中心。而北京已经在丰台、昌平、顺义、房山、密云、门头沟、海淀等区县发现，豚草总分布面积达到近200公顷。虽经大规模的拔除，但目前一些河道、路边仍有不少残余在不断地蔓延。

豚草多生长在荒地、路边、水沟旁、田块周围或农田中，可以遮盖和压抑作物，阻碍农业操作，影响作物产量；它适应性强，种子产量很大，每株可产种子300～62000粒；瘦果先端具喙和尖刺，主要靠水、鸟和人为携带传播；豚草种子具二次休眠特性，抗逆力极强；花粉、短毛可引起人体过敏、哮喘、过敏性皮炎等症；释放多种化感物质，对于禾本科、菊科植物、土壤动物有抑制和排斥作用，豚草对土壤动物的抑制作用具有类群上的选择性，对线虫类和线蚓类的抑制作用更强；豚草对土壤动物的影响，生殖生长期大于营养生长期，普通豚草大于三裂叶豚草，豚草纯群落大于豚草与其他植物混生群落。

知识窗

每年夏、秋之交，豚草产生的大量花粉污染大气，引起变应性哮喘病。豚草花粉是人类变态反应症的主要致病源之一，所引起的“枯草热”给全世界很多国家的人们的健康带来了极大危害，在美国人人闻风色变。目前也已被列入我国首批外来入侵植物。

飞机草

飞机草，为丛生型的多年生草本或亚灌木，瘦果能借冠毛随风传播，

◆飞机草

而成熟季节恰值干燥多风的旱季，故扩散、蔓延迅速。种子的休眠期很短，在土壤中不能长久存活。

飞机草在20世纪20年代早期曾作为一种香料植物引到泰国栽培，1934年在云南南部被发现。危害多种作物，并侵犯牧场。当高度达15厘米或更高时，就能明显地影响其他草本植物的生长，能产生化感物质，抑制邻近植物的生长，还能使昆虫拒食。叶有毒，含香豆素。用叶擦皮肤会引起红肿、起泡，误食嫩叶会引起头晕、呕吐，还能引起家畜和鱼类中毒。该植物还是叶斑病原的中间寄主。

其他入侵植物

◆空心莲子草

被列为入侵植物的物种有很多，下面大概介绍被我国政府列入名单的几种。

空心莲子草 又名水花生、喜旱莲子草、空心苋，系苋科，多年生宿根草本。20世纪30年代，侵华日军将水花生（空心莲子草）作为军马饲料大量引入上海，现在上海郊区、江苏、湖北等地水域肆虐生长，在湖北洪湖大概就有约7千公顷水域被其覆盖，严重影响水质和本埠植物生长。这是日寇侵华的一大罪证。有堵塞航道，影响水上交通；排挤其他植物，使群落物种单一化；覆盖水面，影响鱼类生长和捕捞；在农田危害作物，使产量受损；田间沟渠大量繁殖，影响农田排灌等危害。

◆薇甘菊

薇甘菊 薇甘菊为多年生草质或木质藤本，也称小花蔓泽兰或小花假泽兰。原产于中美洲，现已广泛传播到亚洲热带地区。大约在1919年薇甘菊作为杂草在中国香港出现，1984年在深圳发现，2008年来已广泛分布在珠江三角洲地区。该种已列为世界上最有害的100种外来入侵植物之一。也列为中国首批外来入侵植物。薇甘菊是多年生藤本植物，在其适生地攀援缠绕于乔灌木植物，重压于其冠层顶部，阻碍附主植物的光合作用继而导致附主死亡，是世界上最具危害性的有害植物之一。

◆正在吞噬森林的金钟藤

金钟藤 属被子植物门，双子叶植物纲，菊目，旋花科。金钟藤生长速度非常快，一个星期可以长1～2米，一年可以长成40～50米，枝一年可以长出8～12米，生命力极强。其根茎非常粗壮，五年的根茎直径就有几十厘米。它生长也不用种子，长叶的地方一落地就可以生根，很快就能覆盖大片林地。各地漫山遍野的金钟藤如一张网罩住灌木丛乃至高达10余米的大树，被纠缠者不日即会死亡。金钟藤能对森林造成极为严重的破坏。其危害程度比外来种薇甘菊有过之而无不及，对未长成大树的次生林的危害最大。

入侵原因

入侵植物为什么有那么大的危害呢？这一直是困扰科学家的一个谜题。科学家最近在英国出版的《自然杂志》上撰文指出，逃离了原有的天敌，并和新土地上的微生物交好结盟，是入侵植物获得成功的重要原因。

◆加拿大一枝黄花

加拿大的生物学家约翰·克里罗诺墨斯基于温室的实验，发现了入侵植物获得成功的秘密。他发现入侵的野草能够超常繁衍，这是因为这些野草移植到新土地后，就躲开了原生土地上的病原体。

其实，造成入侵植物产生的罪魁祸首还是人类活动的盲目性，人类对植物的不了解导致了一个个入侵植物诞生的悲剧，只着眼眼前利益让人类付出了代价，比如为了经济利益有目的地引入某些高产植物或观赏植物。

知识广播

加拿大一枝黄花

被列入中国重要外来有害植物名录的——“加拿大一枝黄花”就是典型的例子，它繁殖力极强，生长优势明显，与周围植物争阳光和养料，直至其他植物死亡，被称为“生态杀手”、“霸王花”，对生物多样性构成严重威胁。据上海植物专家统计，近几十年来，“加拿大一枝黄花”已导致30多种乡土植物物种消亡。

昆虫的克星——神秘的食虫植物

食虫植物是一个稀有的种群，已知的食虫植物全世界共10科21属约600多种，典型的如猪笼草、捕蝇草、茅膏菜、瓶子草、捕虫堇、狸藻等。大多生活在高山湿地或低地沼泽中，以诱捕昆虫或小动物来补充营养物质的不足。它们以这种特有的方式，在贫瘠的土地上顽强地生存了下来。

猪笼草

猪笼草是有名的热带食虫植物，主产地是热带亚洲地区。猪笼草拥有一副独特的吸取营养的器官——捕虫囊，捕虫囊呈圆筒形，下半部稍膨大，因为形状像猪笼，故称猪笼草。在中国的产地海南又被称作雷公壶，意指它像酒壶。这类不从土壤等无机界直接摄取和制造维持生命所需营养物质，而依靠捕捉昆虫等小动物来谋生的植物被称为食虫植物。

◆猪笼草

猪笼草为多年生藤本或直立草本植物，茎木质或半木质，有些野生种植株可长达20米，攀援于树木或者平卧地面而生。叶一般为长椭圆形，顶端有卷须，以便于攀援，在卷须的末段会形成一个瓶状或漏斗状的捕虫器，并带有顶盖。果为蒴果，成熟时开裂散出种子。

猪笼草的结构由茎、叶、花、捕虫器组成。猪笼草的茎上，每一个节在靠近叶柄处都会含有一个生长点，通常都会呈现一个小突起，但并不会萌发。这是因为在植株最顶端的芽具有顶芽优势，会抑制其下端侧芽的萌发。如果因为意外的损伤或是人为的修剪，使猪笼草失去顶芽，则最靠近顶芽的侧芽就会开始萌发、生长。有时，刚萌发的侧芽还不够大，还没有能力去抑制其下端其他的侧芽，此时当猪笼草失去顶芽时，有时候会因此使许多侧芽开始萌发起来。若侧芽发育得够大，则其他还未萌发的侧芽便会受到抑制，无法萌发。

捕蝇草

捕蝇草属于维管植物的一种，是很受欢迎的食虫植物，拥有完整的根、茎、叶、花朵和种子。它的叶片是最主要并且明显的部位，拥有捕食昆虫的功能，外观明显的刺毛和红色的无柄腺部位，样貌好似张牙利爪的血盆大口。盆栽可适用于向阳窗台和阳台观赏，也可专做栽植槽培养。

◆捕蝇草

捕蝇草的叶子是由中心部位生长出来，属于轮生的叶子，显莲座状以丛生的形态生长。中央长出来扁平或者细线状好似翅膀形状的，是属于叶柄的部分，原生种的叶柄是扁平如叶片一般，因为反而像是叶子，所以也称作假叶。这种叶子拥有捕捉昆虫的特殊功能和特殊的模样，属于变态叶中的“捕虫叶”

然而，在原产地的捕蝇草在生存上却受到人类活动的威胁。人口快速增加因而剥夺捕蝇草的生存空间，而且因为人为干预自然野火的发生，使得这些地区开始长出一些小型灌木，因而遮蔽捕蝇草的阳光。

万花筒

捕蝇草是一种非常有趣的食虫植物，在叶的顶端长有一个酷似“贝壳”的捕虫夹，且能分泌蜜汁，当有小虫闯入时，能以极快的速度将其夹住，并消化吸收。

茅膏菜

◆茅膏菜

茅膏菜又名食虫草。属多年生草本植物，是食虫草植物中种类最多，分布最广的族群，同属约有1000多种。茅膏菜有明显的茎，高10～30厘米。叶皆茎生，叶片圆形或扇状圆形。茅膏菜有多种颜色，其叶面密被分泌黏液的腺毛，当昆虫停落在叶面时，即被黏液粘住，而腺毛又极敏感，有物触及，便会向内和向下运动，将昆虫紧压于叶面。当昆虫逐渐被腺毛分泌的蛋白质分解酶所消化后，腺毛重新张开再次分泌黏液，故能常在叶片上见到昆虫的躯壳。这类植物本身有叶绿素，可以进行光合作用，但根系极不发达，因此靠捕食

知识广播

茅膏菜是中国植物图谱数据库收录的有毒植物，其毒性为全草有毒，叶的水浸液触及皮肤会引起灼痛、发炎；家畜误食会出现氢氰酸中毒症状。球茎局部外敷，有止痛作用，可治风湿和跌打伤，但久敷易起泡。口服后有耳鸣，嗜睡现象。

昆虫就能弥补其氮素养分的不足。这类植物喜欢生长在水边湿地或湿草甸中，在长白山、长江流域、珠江流域及西藏南部均有分布。

瓶子草

◆瓶子草

瓶子草属于瓶子草科瓶子草属植物，原产北美洲等地，共有8种，是多年生食虫草本植物。无茎，叶丛莲座状，叶常绿，粗糙，圆筒状，叶中具倒向毛，使昆虫能进但不易出。花葶直立，花单生、下垂、有黄色到粉红色多种，因品种而定，4～5月开放。采用陷阱作为捕虫器，通常用蜜汁来吸引昆虫。在瓶子草的捕虫器上，其瓶口附近便有许多蜜腺，能分泌出含有果糖的汁液。然而这个汁液并不是美食，而是危险的毒酒！这些用来引诱昆虫的汁液，除了果糖之外，还含有名为毒芹碱的物质，用以谋害昆虫。当昆虫食用了这种毒液，便会神智不清，或麻痹、或死亡，因此猪笼草和瓶子草才容易捕到那么多昆虫。

正在消失的植物资源
——我国的珍稀濒危植物

我国植物物种资源丰富，有许多珍稀濒危植物，知道和保护这些濒危植物，是我们每个人应该做的，因为研究这些濒危物种，能让我们更好地了解植物。

荷叶铁线蕨

◆荷叶铁线蕨

荷叶铁线蕨是铁线蕨科铁线蕨属草本植物。它是多年生蕨类，高5～20厘米。根状茎短而直立。叶椭圆肾形，宽2～6厘米，上面深绿色，光滑并有1～3个同环纹，下面疏被棕色的长柔毛，叶缘具圆锯齿，长孢子叶的叶片边缘反卷成假囊群盖。孢子囊群长圆形或短线形，生于叶缘，为中国特有变种。仅分布于四川万县，生于海拔约205米处温暖、湿润和没有荫蔽的岩石表面的薄土上、石缝或草丛中。本变种是铁线蕨科最原始的类型，在亚洲大陆首次发现，为国家二级保护濒危种。

荷叶铁线蕨喜中性略偏碱性的基质土。早春发叶，7月后形成孢子囊群，8～9月孢子陆续成熟。本变种不仅分布区狭窄，且数量稀少，它与大西洋亚速尔群岛产的肾叶铁线蕨和非洲中南部的细辛铁线蕨同属一个种群。因此在研究该种的亲缘关系以及植物区系、地理分布等均有重大的价值。

小知识

全草为清热解毒、利尿通淋药，已有悠久历史；其植株形体别致优美，可供观赏。

由于开辟公路及采挖作药用，现数量极少，仅残存于少数岩缝或岩面的薄土层上及杂草丛中，已陷入濒临灭绝的境地。

原始观音座莲

原始观音座莲为观音座莲科多年生草本，高80～120厘米；根状茎短，近直立肉质，直径2～3厘米；根粗壮，肉质，光滑。

该植物喜生于季节性雨林阴湿环境的生境，常构成草本地被层常见的成分，特别是山坡下部沟谷边缘分布最多，也较高大。所在地为赤红壤或红壤，pH值4.5～5.5。早春于根茎上萌发新叶芽，嫩时卷曲成球状，叶柄逐渐伸长，新叶也随之开展，逐渐成长。7～8月孢子囊群在叶背上显现，11月成熟，孢子飞扬，在适宜的环境里长成原叶体。

◆原始观音座莲

知识窗

原始观音座莲系蕨类植物中较原始的类型，对研究蕨类植物进化、区系起源等有一定的价值。其姿态奇异，叶片翠绿，是优美的荫生观赏植物。原始观音座莲仅产云南东南部局部地区，随着森林面积日益缩减，生态环境明显变化，正处于濒临灭绝的境地。

对开蕨

◆对开蕨

对开蕨是我国新记录植物种，仅产于长白山南麓和西侧局部地区，并且分布星散，如不加以保护，将有绝灭危险。属稀有种。其分布区域气候温凉、潮湿，土壤为酸性暗棕色森林土。其为多年生草本植物，根状茎粗短，横卧或斜生。本种的发现填补了对开蕨属在我国地理分布上的空白，具有一定的研究价值。其叶形奇特，颇为耐寒，雪中亦绿叶葱葱，是珍贵的观赏植物。

对开蕨叶近生；叶柄长10～20厘米，粗2～3毫米，棕禾杆色，连同叶轴疏被鳞片，鳞片淡棕色，长8～11毫米，宽约1毫米，线状披针形，全缘；叶片长15～45厘米，宽3.5～5厘米，阔披针形或线状披针形，鲜叶稍呈肉质，干后薄纸质，上面缘色，光滑，下面淡黄绿色，疏生淡棕色小鳞片。

对开蕨分布区的气候温凉，潮湿，年平均温6.2℃，年降水量946毫米。生于山地落叶阔叶林下的腐殖质层中，具有喜阴、喜湿等特点。

光叶蕨

光叶蕨，国家Ⅰ级重点保护野生植物。多年生草木，高40厘米左右，根状茎粗短，横卧，仅先端及叶柄基部略被一二枚深棕色披针形小鳞片。叶密生，叶柄短，长5～7厘米，基部褐棕色，向上为禾杆色，光滑，上面有一条纵沟直达叶轴；叶片长30～35厘米，宽5～8厘米，

◆光叶蕨

披针形，向两端渐变狭，二回羽裂；羽片30对左右，近对生，平展，无柄，下部多对向下逐渐缩短，基部一对最小，长6～12柄，三角状犷，钝头。

本属为我国特有，介于蹄盖蕨属和冷蕨属之间，在研究蕨类植物杂交和蹄盖蕨科的系统发育上有一定价值。

笔筒树

此为桫椤科蕨类植物。茎直立，高可达10米，胸径10～15厘米，基部密被交织的不定根，向上有清晰的叶痕，顶部残存少量宿存的叶柄。叶螺旋状排列于茎顶端；茎端、拳卷叶及叶柄基部密被鳞片和糠秕状鳞毛；鳞片灰白色至淡棕色，线状披针形，渐尖头，先端和边缘具褐棕色刚毛；叶柄长40～50厘米，通常棕禾杆色，连同叶轴、羽轴具小瘤状突起，被白霜，在背面两侧各具一条不连续的淡绿色的气孔线，向上直达叶轴。

◆笔筒树

玉龙蕨

玉龙蕨，为鳞毛蕨科，国家Ⅰ级重点保护野生植物。多年生草本，根状茎短，直立或斜升。叶柄和叶轴表面都布满覆瓦状鳞片。鳞片棕色，老时苍白色，边缘具细锯齿状睫毛。叶片线状披针形，具短柄，一回羽状或二回羽裂。孢子囊群圆形，在主脉两侧各排成1行，无盖。主要生长在高山冻荒漠带，常见于冰川边缘或雪线附近，在碎石和隙间零星散生。暖季（7～8月）地表解冻后可短期迅速生长。分布于四川（木里、稻城）、云南（丽江、中甸）、西藏（波密）。

本种主要分布在高山冻荒漠带，由于强烈的寒冻和物理风化作用，地

◆玉龙蕨

形多为裸岩，峭壁和碎石构成流石滩，即高山冰川下延的地段。玉龙蕨特产于我国西南部分高山的雪线附近，为稀有植物，是研究蕨类植物的形态和功能统一性的良好材料。

植物多样性是地球生命的基础，自然界中的生物能有95%以上是由植物的光合作用所形成，人和动物的生存都依赖于植物多样性。它的价值包括较易察觉和衡量的直接价值及难以用货币形式表现的间接价值。人类的衣食住行都离不开植物。首先，人类食物绝大多数取自植物资源。其次，人类的医疗保健也离不开植物。所以，保护植物是每个人应尽的义务。

你吃过吗？——奇珍异果介绍

相信大家吃过的水果一定不少，可下面出现的这些你们都吃过吗？

鸡蛋果和蛋黄果

乍一看您可能以为是一种水果，其实不然，下面来看看它们的区别。

鸡蛋果又名百香果，学名西番莲，是西番莲科西番莲属藤本果树，主要有紫果和黄果两大类。原产巴西。植株寿命约20年，经济寿命一般8～10年。果实主要用于加工果汁饮料，有“果汁之王”的美誉，还可用来添加在其他饮料中以提高饮料的品质。

◆鸡蛋果

鸡蛋果的根为肉质根，茎具攀缘性，多为绿色，髓部中空，节间光滑，有卷须。果实为浆果，果皮革质坚韧，光滑。果肉间充满黄色果汁，似生鸡蛋黄。果汁含量40%左右，加工出汁率28%至33%。

◆蛋黄果

鸡蛋果富含人体所需的17种氨基酸、多种维生素和类胡萝卜素以及各种微量元素，可溶性固形物

15%～16%，总酸量3.8%～4%，甜酸适中。

蛋黄果植株高3～6米，为小型乔木。树体各部分均可分泌出白色乳汁。老熟枝条黄褐色，单叶互生，叶片纸质，狭长椭圆形，两面光滑有光泽。果实12月成熟，采收后需要后熟4～7天方可食用。蛋黄果原产古巴和南美洲热带，主要分布于中南美洲、印度东北部、缅甸北部、越南、柬埔寨、泰国、中国南部。

万花筒

蛋黄果，又名狮头果、蛋果、桃榄、仙桃，学名Pouteria campechiana，为山榄科蛋黄果属多年生常绿木本果树，因果肉酷似煮熟的鸡蛋黄而得名。蛋黄果含有丰富的磷、铁、钙、维生素C等营养物质及人体必须的多种氨基酸，含水量67%～73%，可食率71.3%～78.6%，具有帮助消化、化痰、补肾、提神醒脑、活血强身、镇静止痛、减压降脂等功效。

人心果

◆人心果

人心果，又名吴凤柿、赤铁果、奇果等，为山榄科人心果属。味独特。人心果原产墨西哥犹卡坦州和中美洲地区。在热带和亚热带许多地区很受重视，通常鲜食。果球形或卵球形，外表面暗褐色，直径5～10厘米；果肉黄褐色，透明，多汁，味甜似梨；含种子2～5枚，成熟时色黑亮，大小如菜豆；未成熟果肉含单宁酸和胶乳，味难吃。割开树干可获得胶乳，这种胶乳是糖胶树胶的主要来源，糖胶树胶以前是制作口香糖工业的重要原料（阿兹特克人以前也用来当作口香糖）。

人心果一般在夏季成熟上市。果皮呈浅咖啡色，表面粗糙，未成熟的果实味涩，摘下后需存放几天，将果肉催熟再吃。果实芳香爽口、口感绵密、齿颊留香、营养丰富。

番荔枝

◆番荔枝

番荔枝，又称林檎（广东潮州）、唛螺陀（广西）、洋波罗（广西龙州）、假波罗（广西凭祥）、释迦、番鬼荔枝、佛头果（台湾），为番荔枝科番荔枝属多年生半落叶性小乔木植物。

番荔枝为热带水果，果实清甜，以其独特香味被列为热带名果之一。成熟果呈淡绿黄色，外表被以多角形小指大之软疣凸起（由许多成熟的子房和花托合生而成），恰似佛头，故有佛头果、释迦果之称。

番荔枝营养极丰富，热量极高，能养颜美容、补充体力、清洁血液、健强骨骼、预防坏血病、增强免疫力、抗癌。自古称为上等滋补品，营养价值极高。

油柰（nài）

◆油柰

油柰，系蔷薇科、李属中的一个变种。果实富含营养，含可溶性固形物 14%～16%，糖分、维生素及钙、磷、铁等多种矿物盐类。果实具助消化、开胃健脾等功效。黄绿色，品质极上，肉厚、质脆、清甜，单果重 80～120 克，核小 2～3 克，可食率

96%以上，可溶性固形物12%，成熟期7月下旬至8月上旬，耐贮运，常温条件下可贮15～20天，冷存条件能贮2个月，定植后速生快长，2～3年即开始结果，平均单株产量50～100千克，经济寿命30～40年，适应性广，凡能种植桃李的地方，一般能种植。油柰的原产地是福建古田，古田油柰是福建省名、特、优水果。

黄金莓

◆黄金莓

黄金莓又名灯笼果，属茄科酸浆属，学名毛酸浆，台湾取名黄金莓，俗称金姑娘。浆果黄绿色，球形，被膨大的宿存花萼包被，具5棱或近圆球形。经中国人民解放军卫生检测中心化验，灯笼果含有18种氨基酸和锌、硒、硅、锂、锗等21种微量元素和矿物质，还有A/B/C/D/E等8种维生素，含有不饱和脂肪酸，亚麻酸和72%的亚油酸，有大量的纤维素。果肉香甜可口，长期食用可预防脂肪堆积，清除体内有毒物质，光滑皮肤，尤其是糖尿病人首选佳果。

洋蒲桃

洋蒲桃，又名莲雾、天桃、水蓊。大陆习惯叫洋蒲桃，台湾叫莲雾。它是桃金娘科蒲桃属的热带果树。莲雾原产马来半岛及安达曼群岛，目前全世界以台湾所生产的莲雾品质最高，台湾各地所生产的莲雾，因各地环境条件的不同而有差别，以屏南地区的品质最好，其中尤以南州、林边附近更为之最。

莲雾周年常绿，也是家庭绿化树。树姿优美，花期长、花浓香、花形美丽。挂果期长，果实累累，果形美，果实呈钟形，果色鲜艳夺目，果肉海绵质，略有苹果香气，味道清甜，清凉爽口，品种有乳白色、青绿、粉红、深红色。莲雾味甘，性平，营养成分含蛋白质、膳食纤维、糖类、维生素B、C等，带有特殊的香味，是天然的解热剂。由于含有许多水分，在食疗上有解热、利尿、宁心安神的作用。

◆莲雾

山竹

◆山竹

山竹，藤黄科，藤黄属。原产于马来半岛和马来群岛，在东南亚地区如马来西亚、泰国、菲律宾、缅甸栽培较多。属藤黄科常绿乔木，树高可达15米，果树寿命长达70多年。山竹虽然种植成本不高，但需种植多年才可收获，一般在定植后10年才能采果。因产量不高，以致物罕为贵，售价常比美国的“五脚苹果”高出一两倍。

山竹果肉含可溶性固形物16.8%，柠檬酸0.63%，还含有其他维生素B_1、B_2、维生素C和矿物质，具有降燥、清凉解热的作用，因此山竹不仅味美，而且还有降火的功效，能克榴莲之燥热。

治病良药——常见的中草药

◆晒干的金银花

很多人觉得中医很神秘，与其相关的中草药就更难理解，一些看似草根、树皮的东西怎么就能给人治病，况且它们的味道还很古怪。中草药是中医预防治疗疾病所使用的独特药物，也是中医区别于其他医学的重要标志。之所以我们中医如此独特，这是与我们中华民族几千年的传统观念密切相关的，那就是人与自然的和谐，人是离不开植物的。下面我们就来介绍一些常见的、且很有用处的中草药。

金银花

金银花，又名忍冬、银花、双花等，属忍冬科，呈棒状，上粗下细，略弯曲，长2～3厘米，上部直径约3毫米，下部直径约1.5毫米。表面黄白色或绿白色，贮久色渐深，密被短柔毛。偶见叶状苞片。花萼绿色，先端5裂，裂片有毛，长约2毫米。开放者花冠筒状，先端二唇形；雄蕊5个，附于筒壁，黄色；雌蕊1个，子房无毛。气清香，味淡、微苦。

中医认为，金银花性寒、味甘、气平，具有清热解毒之功效，可以治疗热毒肿疡、痈疽疔疮等症。由于兼有宣散作用，故又可治疗外感风热和温病初起。如治疗风热感冒的银翘解毒片（丸），就是以金银花为主药的。

与黄芩配伍制成的银黄片，可以治疗急性上呼吸道感染、急性咽喉炎、急性扁桃体炎等。金银花加水蒸馏可获得“金银花露”，有清暑解热的作用，可以治疗小儿热疖、痱子、暑热等症。我国自古以来，民间就有这样一个习惯，在炎夏到来之际，给儿童喝几次金银花茶，可以预防夏季热疖的发生；在盛夏酷暑之际，喝金银花茶又能预防中暑、肠炎、痢疾等症。买回的干品金银花可直接泡水服用。

新近的研究指出，金银花能促进淋巴细胞的转化，而淋巴细胞转化率可反映细胞免疫功能，即提高机体免疫力。金银花还能增强白细胞的吞噬功能，从另一个角度来提高免疫功能。金银花还能促进肾上腺皮质激素的释放，对急性炎症有明显的抑制作用。

知识窗

“金银花”名的由来

相传，诸葛亮在七擒孟获的过程中，大部分将士水土不服，中了山岚瘴气。后经一小村寨，见村民面黄肌瘦，诸葛亮顿起恻隐之心，发放军粮施救。村民们十分感谢，一土著白发老人得知许多蜀兵患了“热毒病”时，便叫来自己的一对孪生孙女儿：“金花、银花，你们去采几筐仙药来为蜀军解难。”然而三天后，姐妹仍未归来。人们多方寻找，在一处山崖，只见两只药筐中已采满了草药，筐边有野狼的足迹和被撕碎的衣服鞋子……

蜀军将士吃了草药得救了，而金花、银花却为此献出了年轻的生命，为了纪念她们，人们就把这种草药开的花叫作“金银花”。

杜　仲

中药杜仲，为杜仲科植物杜仲的树皮，最早记载于《神农本草经》。杜仲又名丝棉木，为杜仲科落叶乔木，有效成分珊瑚甙、杜仲胶。杜仲树的皮、枝及叶均含胶质。

中药杜仲为干燥树皮，为平坦的板片状或卷片状，大小厚薄不一，一般厚约3～10毫米，长约40～100厘米。外表面灰棕色，粗糙，有不规则纵裂槽纹及斜方形横裂皮孔，有时可见淡灰色地衣斑。但商品多已削去部

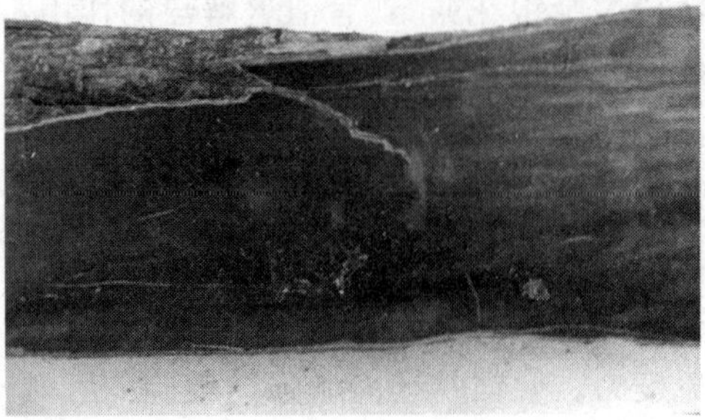

◆中药杜仲

分糙皮，故外表面淡棕色，较平滑。内表面光滑，暗紫色。质脆易折断，断面有银白色丝状物相连，细密，略有伸缩性。气微，味稍苦，嚼之有胶状残余物。以皮厚而大，糙皮刮净，外面黄棕色，内面黑褐色而光，折断时白丝多者为佳。皮薄、断面丝少或皮厚带粗皮者质次。

杜仲树皮的提取物及煎剂对动物有持久的降压和利尿作用，并可改善头晕、失眠等症状。杜仲可使低下的生理功能恢复正常，杜仲具有一定的抗衰老作用。杜仲中富含的多种微量元素与人体内分泌系统、免疫功能系统、生长发育系统的结构和功能有密切关系，特别是与抗衰老有密切关系。所以，中老年人肾气不足、腰膝疼痛、腿脚软弱无力、小便余沥者宜食；妇女体质虚弱、肾气不固、胎漏欲堕及习惯性流产者保胎时宜食；小儿麻痹后遗症、小儿行走过迟、两下肢无力者宜食；高血压患者宜食。买回的中药杜仲煎水即可服用。

枸杞子

在家经常看到一些长辈泡的药酒里有一些红红的小果子，其实这就是中药枸杞子。枸杞子为茄科植物宁夏枸杞的干燥成熟果实。夏、秋两季果实呈红色时采收。它有很多别名，枸杞红实、甜菜子、西枸杞、狗奶子、红青椒、枸蹄子、枸杞果、地骨子、枸茄茄、红耳坠、血枸子、枸地芽子、枸杞豆、血杞子、津枸杞都是指枸杞子。

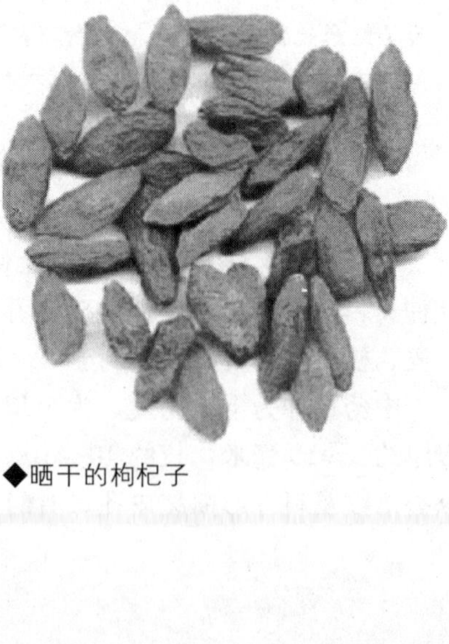

◆晒干的枸杞子

枸杞子最早记载于《神农本草经》。中医认为，它能滋补肝肾，益精明目，用于虚劳精亏、腰膝酸痛、眩晕耳鸣、内热消渴、血虚萎黄、目昏不明。

八 角

我们经常在一些炖菜中见到它的身影，形状独特，呈星芒状，香味扑鼻，它就是八角，俗称大料，又称茴香。八角是八角茴香科八角属的一种植物。与其同名的干燥果实是中国菜和东南亚地区烹饪的调味料之一。每年第一次开花所结的果实称为“春八角”，第二次开花结的果实称为“秋八角”，秋八角肥壮饱满，皮红色，气味浓郁，品质较好。

◆八角

大家都知道八角是调料，殊不知它还是一味中药。具有强烈香味的它，有驱虫、温中理气、健胃止呕、祛寒、兴奋神经等功效。除作调味品外，八角还可供工业上作香水、牙膏、香皂、化妆品等的原料，也可用在医药上，作驱风剂及兴奋剂。其性温，味辛。有温阳散寒，理气止痛之功效，用于治疗寒呕逆、寒疝腹痛、肾虚腰痛、干、湿脚气等症。

点 击

生活中很多植物都可作为药，比如蒲公英、紫菜等，如果你对这些植物有所了解，将对你的健康又很大的帮助。

名人介绍：神农氏

◆神农氏

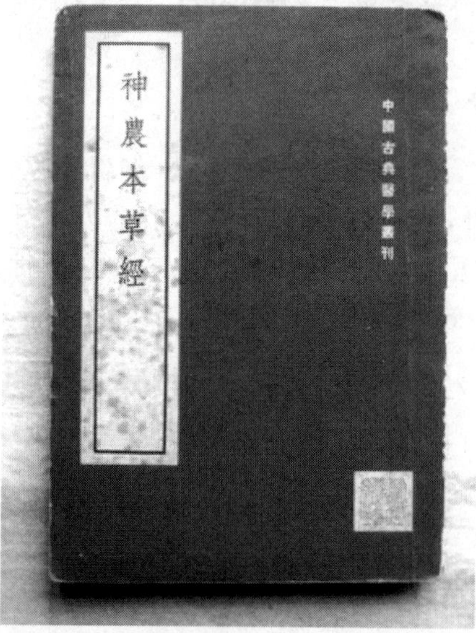

◆神农本草经

神农氏是传说中的农业和医药的发明者，又传说他遍尝百草，发现药材，教会人民医治疾病。传说神农一生下来就是个“水晶肚”，几乎是全透明的，五脏六腑全都能看得见，还能看得见吃进去的东西。那时候，人们经常因乱吃东西而生病，甚至丧命。神农为此决心尝遍百草，能食用的放在身体左边的袋子里，介绍给别人吃，用作药用；不能够食用的就放在身体的右边袋子里，提醒人们注意不可以食用。关于神农尝百草的传说故事有很多，这里讲述其中一个：有一次，他把一棵草放到嘴里一尝，霎时天旋地转，一头栽倒。臣民们慌忙扶他坐起，他明白自己中了毒，可是已经不会说话了，只好用最后一点力气，指着面前一棵红亮亮的灵芝草，又指指自己的嘴巴。臣民们慌忙把那红灵芝放到嘴里嚼嚼，喂到他嘴里。神农吃了灵芝草，毒气解了，头不昏了，会说话了。从此，人们都说灵芝草能起死回生。臣民们担心他这样尝草，太危险了，都劝他还是下山回去。他又摇摇头说：“不能回！黎民百姓饿了没吃的，病了没医的，我们怎么能回去呢！”说罢，他又接着尝百草。

他尝完一山花草，又到另一山去尝，还是用木杆搭架的办法攀登上去。一直尝了七七四十九天，踏遍了这里的山山岭岭。他尝出了麦、稻、谷子、高粱能充饥，就叫臣民把种子带回去，让黎民百姓种植，这就是后来的五谷。他尝出了365种草药，写成《神农本草经》，叫臣民带回去，为天下百姓治病。

神农尝完百草，为黎民百姓找到了充饥的五谷，医病的草药，来到回生寨，准备下山回去。他放眼一望，遍山搭的木架不见了。原来那些搭架的木杆落地生根，淋雨吐芽，年深月久，竟然长成了一片茫茫林海。神农正在为难，突然天空飞来一群白鹤，把他和护身的几位臣民接上天廷去了。从此，回生寨一年四季，香气弥漫。

为了纪念神农尝百草、造福人间的功绩，老百姓就把这一片茫茫林海取名为“神农架”。把神农升天的回生寨，改名为“留香寨”。

上文提到的《神农本草经》，同学们可能以为真是神农氏写的，其实不然。《神农本草经》又名《神农本草》，简称《本草经》或《本经》，我国现存最早的药学专著。撰人不详，“神农”为托名。其成书年代自古就有不同考论，或谓成于秦汉时期，或谓成于战国时期。原书早佚，现行本为后世从历代本草书中集辑的。该书最早著录于《隋书·经籍志》，载“神农本草，四卷，雷公集注”。《神农本草经》为我国早期临床用药经验的第一次系统总结，历代被誉为中药学经典著作。

在我国古代，大部分药物是植物药，所以“本草”成了它们的代名词，这部书也以“本草经”命名。汉代托古之风盛行，人们尊古薄今，为了提高该书的地位，增强人们的信任感，它借用神农遍尝百草发现药物这妇孺皆知的传说，将神农冠于书名之首，定名为《神农本草经》。

绿色生活好伙伴
——家庭盆栽植物

很多人搬进新房总是要买些小花、小草、小树之类的盆栽来点缀室内环境。其实新装修的房子里充满了有害气体，一些植物不光能帮我们美化环境，也能为我们净化空气。下面就来认识一下它们。

吊　兰

◆吊兰

吊兰又称垂盆草、桂兰、钩兰、折鹤兰，西欧又叫蜘蛛草或飞机草，原产于南非。属百合科多年生常绿草本植物。根肉质，叶细长，似兰花。吊兰叶腋中抽生出的匍匐茎，长可尺许，既刚且柔；茎顶端簇生的叶片，由盆沿向外下垂，随风飘动，形似展翅跳跃的仙鹤。故吊兰古有折鹤兰之称。

吊兰，叶簇生，似花朵，四季常绿，是著名的观叶花卉，被人们誉之为“空中花卉”。据研究显示，吊兰具有吸收有毒气体的功能，15 平方米的居室内有两盆吊兰，即可不受甲醛侵害。吊兰的根和全草可入药，具有清肺、凉血止血等功效。

芦　荟

芦荟是一种百合科草本植物，原产于非洲，它是多年生百合科肉质草本植物。含有丰富的多糖、蛋白质、氨基酸、维生素、活性酶及对人体十分有益的微量元素。它的特征成分是芦荟蒽醌等，芦荟由于含有多种生物活性物质，就被作为美容、护发和治疗皮肤疾病的天然药物，芦荟叶簇生，呈座状或生于茎顶，叶常披针形或叶短宽，边缘有尖齿状刺。花序为伞形、总状、穗状、圆锥形等，色呈红、黄或具赤色斑点，花瓣六片、雌蕊六枚。在24小时照明的条件下，芦荟可以消灭1立方米空气中所含的90%的甲醛。

◆芦荟

龙舌兰

◆龙舌兰

龙舌兰是龙舌兰科龙舌兰属多年生常绿植物，植株高大。叶色灰绿或蓝灰，长可达1.7米，宽20厘米，基部排列成莲座状。叶缘刺最初为棕色，后呈灰白色，末梢的刺长可达3厘米。花梗由莲座中心抽出，花黄绿色。喜温暖、光线充足的环境，生长温度为15℃～25℃。耐旱性极强，要求疏松透水的土壤。龙舌兰原产于美洲，有些种类在原产地要长十年或几十年才能开花，巨大的花序高可达7～8米，是世界上最长的花序，白色或浅黄色的铃状花多达数百朵，花后植株即枯死，所以龙舌兰被称为“世纪植物”。

常春藤

◆常春藤

常春藤别称土鼓藤、钻天风、三角风、爬墙虎、散骨风、枫荷梨藤、洋长春藤。常春藤属常绿木质藤本植物，原产欧洲、亚洲和北非。它对环境的适应性很强，喜欢比较冷凉的气候，耐寒力较强，可入药。可以净化室内空气，吸收由家具及装修散发出的苯、甲醛等有害气体，为人体健康带来极大的好处。常春藤是一种颇为流行的室内大型盆栽花木，尤其在较宽阔的客厅、书房、起居室内摆放，格调高雅、质朴，并带有南国情调。是一种株形优美、规整、世界著名的新一代室内观叶植物。常春藤能有效抵制尼古丁中的致癌物质。通过叶片上的微小气孔，常春藤能吸收有害物质，并将之转化为无害的糖分与氨基酸，净化空气，为人体健康带来极大的好处。

菊　花

◆菊花

菊花，多年生菊科草本植物，是经长期人工选择培育出的名贵观赏花卉，也称艺菊，品种已达千余种。菊花是中国十大名花之一，在中国已有 3000 多年的栽培历史，中国菊花传入欧洲，约在明末清初开始。中国人极爱菊花，从宋朝起民间就有一年一度的菊花盛会。古神话传说中菊花又被赋予了吉祥、长寿的含义。中国历代诗人画家，以菊花为题材吟诗作画众多，因而历代歌颂菊花的大量文学艺术作品和艺菊经验，给人们留下了许多名谱佳作，流传久远。房间里有菊花可吸收硫、氟化氢、汞等有害气体。

不适宜摆放室内的花草

可能很多人们以为室内盆景都可以净化空气，制造氧气。其实不然，不是所有的植物花卉都适合长期摆放室内的，因为一般植物光合作用要在一定的光照强度下才能进行，当光照不足时，植物主要进行呼吸作用而不是光合作用。由于晚上没有光线，植物的呼吸作用十分旺盛，会造成植物与人争夺氧气，影响睡眠质量和健康。下面就来着重介绍几种不宜摆放在室内的植物花卉。

◆夜来香

夜来香，多生长在林地或灌木丛中。喜温暖、湿润、阳光充足、通风良好、土壤疏松肥沃的环境，耐旱、耐瘠，不耐涝，不耐寒，冬季落叶后停止生长；春暖后发枝长叶，每节有腋芽或花芽，随着生长不断发生侧枝并抽生花序，一般在5～10月陆续开花，开花时气味芳香，夜间更香浓。冬季结果。夜来香属耗氧型花卉，它晚上能散发强烈刺激嗅觉的微粒，高血压和心脏病患者不宜久闻，否则会加重病情。

◆百合花

百合花，是百合科百合属多年生草本球根植物，原产于北半球几乎每一个大陆的温带地区，主要分布在亚洲东部、欧洲、北美洲等，全球已发现有110多个品种，其中55种产于中国。近年更有不少经过人工杂交而产

◆红色夹竹桃

◆天竺葵

生的新品种，如亚洲百合、麝香百合、香水百合、葵（火）百合、姬百合等。百合花姿雅致，叶片青翠娟秀，茎干亭亭玉立，是名贵的切花新秀。世界野生百合约有 90 多种，我国是世界百合起源的中心。据调查，我国约有原产百合 46 种，18 个变种，占世界总数的一半以上，其中 36 种 15 个变种为我国特有，南平市就有 16 种，其中野生百合 5 种、变种 1 种、变异 10 种。

夹竹桃，原产印度、伊朗和阿富汗，在我国栽培历史悠久，遍及南北城乡各地。性喜充足的光照，温暖和湿润的气候条件。花色有红色和白色两种。

夹竹桃的叶子长得很有意思。三片叶子组成一个小组，环绕枝条，从同一个地方向外生长。夹竹桃的叶上还有一层薄薄的“腊”。这层腊替叶保水、保温，使植物能够抵御严寒，所以夹竹桃不怕寒冷，在冬季照样绿姿不改。夹竹桃的花有香气。它所散发出的有毒气体，能使人心郁气喘，易引发气管炎和肺炎。经常闻其味，可使人智力下降。

天竺葵，别名洋绣球，原产南非，是多年生的草本花卉。叶掌状有长柄，叶缘多锯齿，叶面有较深的环状斑纹。花冠通常 5 瓣，花序伞状，长在挺直的花梗顶端。由于群花密集如球，故又有洋绣球之称。花色红、白、粉、紫变化很多。花期由初冬开始直至翌年夏初。天竺葵生性健壮，很少病虫害；其适应性也强，各种土质均能生长，但以富含腐殖质的沙壤土生长最良；喜阳光，好温暖，稍耐旱，怕积水，不耐炎夏的酷暑和烈日的曝晒。入夏植株停止生长，叶片老化，呈半眠状，此时可转至室外阴凉处，停施液肥，按时浇水，雨天将盆放倒，防止积水烂根。不过，天竺葵花散发的微粒会使人皮肤过敏发生瘙痒。所以，有小孩的室内不宜摆放天竺葵。

动物王国

除了植物，动物也是人类亲密的伙伴，它们与人类有着千丝万缕的联系，因为首先我们人类也是动物。野生动物的生活范围十分广泛，人类和它们相比似乎就要窄了很多，也正因为它们广泛的生活圈，造就了这丰富多彩的动物世界。下面就来了解一下生活中一直伴随我们的奇妙动物世界吧。

动物的家谱——动物的分类

◆鲨鱼

动物根据水生还是陆生，可将它们分为水生动物和陆生动物；根据有没有羽毛，可将它们分为有羽毛的动物和没有羽毛的动物。除以上两种特征外，我们还可以用其他的特征对它们进行分类。人也属于动物，而且是高级动物。

脊椎动物

◆马口鱼

脊椎动物，特征就是有由脊椎骨组成的脊柱。脊柱保护脊髓、脊柱与其他骨骼组成脊椎动物特有的内骨骼系统。有明显的头部，背神经管的前端分化成脑及其他感觉器官例如眼、耳等。脑及感觉器官集中在头部，可加强动物对外界的感应。身体由表皮及真皮覆盖。皮肤有腺体，大部分脊椎动物的皮肤有保护性构造，例如鳞片、羽毛、体毛等。有完整的消化系统、口腔内有舌，多数有牙齿，亦有肝及胰脏。循环系统包括有心脏、动脉、静脉及血管。排泄系统包括两个肾脏及一个膀胱。有内分泌腺，能分泌激素（荷尔蒙）调节身体机

◆青蛙

能，生长及生殖。

脊椎动物包括：鱼类、两栖类、爬行类、鸟类、哺乳类五大种类。

鱼类特征：水栖动物只能生活于水中。皮肤有鳞片覆盖，属变温动物。具有鳍可以水中游动，用鳃呼吸，体外受精，主要为卵生，部份为胎生及卵胎生。鱼的种类很多，主要分为两大类别：软骨类和硬骨类。软骨类，比如鲨鱼，皮肤坚韧，有极细小的鳞，没有鱼鳔，尾鳍上下不对称，有五对鳃，没有鳃盖。硬骨类，比如马口鱼，骨骼为硬骨，皮肤有许多黏液腺，为骨鳞片所覆盖，有鱼鳔。

◆大鲵

两栖类特征：需在水中度过其幼年时期，具有适应陆生的骨骼结构，有四肢，皮肤湿润，有很多腺体。身体无鳞片或体毛，舌分叉，倒生，能向外伸展；幼体以鳃呼吸，成体则用皮肤、口腔内壁及肺呼吸；交配及受精在水中进行。两栖类分三大类：无尾、有尾和无足。无尾，常见的就是青蛙和蟾蜍。有尾的就是娃娃鱼（学名大鲵）了。大鲵是世界上现存最大的也是最珍贵的两栖动物。它的叫声很像幼儿哭声，因此人们又叫它“娃娃鱼”，是国家二类保护水生野生动物。无足的就是鱼螈。鱼螈科有2属36种，分布于亚洲热带地区。鱼螈科

◆鱼螈

为卵生，雌螈用身体盘绕这些卵直到卵孵出。鱼螈科在我国有双带鱼螈和版纳鱼螈两种，其中版纳鱼螈曾经被认为就是双带鱼螈，后来才确认为独立的种，它们是无足目在我国的仅有代表。

◆龟

爬行类特征：陆生动物，皮肤有鳞片或盾片覆盖，具有防水外皮以防水分散失，属变温动物，靠外界的温度或热源来改变其体温。主要分布在地球较温暖的地区。体内受精，卵生或卵胎生。在陆地产卵，卵有防水外壳包裹。爬行动物分有足和无足两大类。有足的最常见的就是龟类了，有坚硬的外壳，上下颌不具齿，但有角质鞘，卵生，可分陆栖、水栖或海洋生活。还有蜥蜴也很具有代表性。无足的就是蛇，无四肢、肩带及胸骨，不具活动的眼睑及外耳孔，舌头末端分叉，伸缩力强，皮肤有鳞片，可吞咽比自己身体直径大的猎物。蛇的器官都特化成长形，左肺退化。蛇会定期蜕皮，以利生长。

◆蛇

◆鸟类

鸟类特征：全身披有羽毛，身体呈流线形，有角质的喙。眼在头的两侧，颈部长而灵活，可270°转。前肢特化成翼，后肢有鳞状外皮，具四趾；恒温动物，能通过自身的生理过程产生热量，即使外界温度很低，它们也能维持高而恒定的体温，平均体温比哺乳动物高出10℃左右，平均42℃。卵生。

哺乳动物主要特征：全身被毛，具有陆上快速运动的能力；毛是哺乳动物所特有的，哺乳动物一般每年换毛两次：春季和秋季换毛；换毛是哺乳动物对季节变化后的适应；出现口腔咀嚼和消化。消化管分化程度较高，消化腺较发达，消化酶多样化；体温恒定，对环境依赖性减少；具有高度发达的神经系统和感官，协调能力强。哺乳类神经系统主要表现在大脑和小脑体积增大、神经细胞聚集、皮层加厚；表面出现了皱褶（沟和回）。胎生、哺乳，后代成活率高。我们人类就是属于高级哺乳动物。

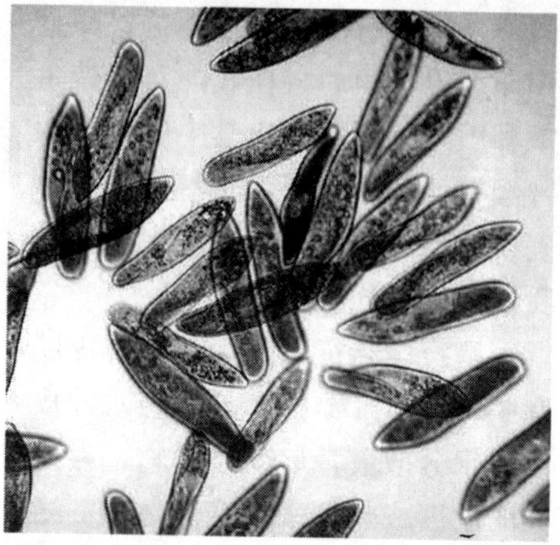

◆草履虫

点　击

爬行动物是第一批真正摆脱对水的依赖而真正征服陆地的脊椎动物，可以适应各种不同的陆地生活环境。爬行动物也是统治陆地时间最长的动物，其主宰地球的中生代也是整个地球生物史上最引人注目的时代。

无脊椎动物

◆蜗牛

无脊椎动物中包括原生动物、扁形动物、腔肠动物、棘皮动物、节肢动物、软体动物、环节动物、线形动物八大类。所以无脊椎动物占世界上所有动物的90%以上。它们虽然庞大，但在进化级别上都属于较低级的动物，比如昆虫。

原生动物全都是单细胞动物，是最原始的动物，其中我们熟悉的有眼虫、草履虫。扁形动物有涡虫、吸虫、绦虫等，就是我们常听说的寄生虫。

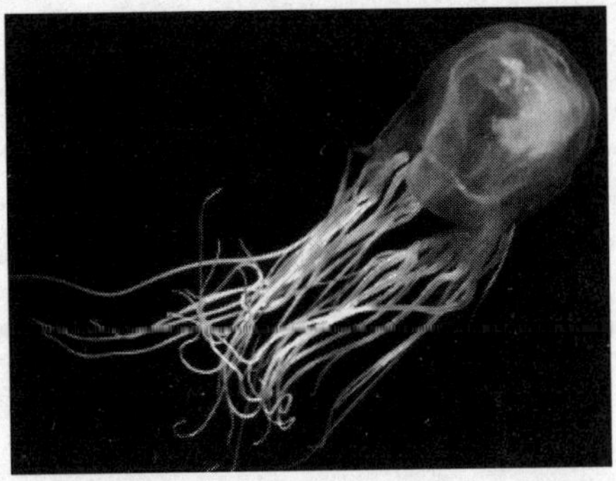
◆水母

腔肠动物就是水螅、水母、海葵和珊瑚等，很熟悉吧。

我们熟悉的棘皮动物有海星、海胆、海参和海百合。

节肢动物是动物界中种类占三分之二以上的动物，全世界约有110～120万现存种，占整个现生物种数的75%～80%。节肢动物中主要就是昆虫，已发现100多万种。

◆海星

软体动物是动物界中仅次于节肢动物的第二大类，到处可见，例如鲍鱼、田螺、蜗牛、牡蛎、章鱼、乌贼等。

环节动物就是蚯蚓、蚂蟥等这一类的，熟悉吧。

线形动物是动物界中较为复杂的一个类群，许多动物学家对它们的分类意见也不一致，熟悉的动物包括蛔虫、钩虫、丝虫、轮虫、棘头虫等，很多为寄生动物，它们比腔肠动物进化，与扁形动物一样是一类特化的动物。

广角镜——生物分类

生物分类也称生物分类学。

分类系统是阶元系统，通常包括七个主要级别，这七个主要级别由高到低分别是界、门、纲、目、科、属、种。一个“界”含有多个门，一个“门”含有多个纲，以此类推，分类最小的单位是种。每种生物在分类系统中都有自己固定的位置。

随着研究的进展，分类层次不断增加，单元上下可以附加次生单元，如总纲

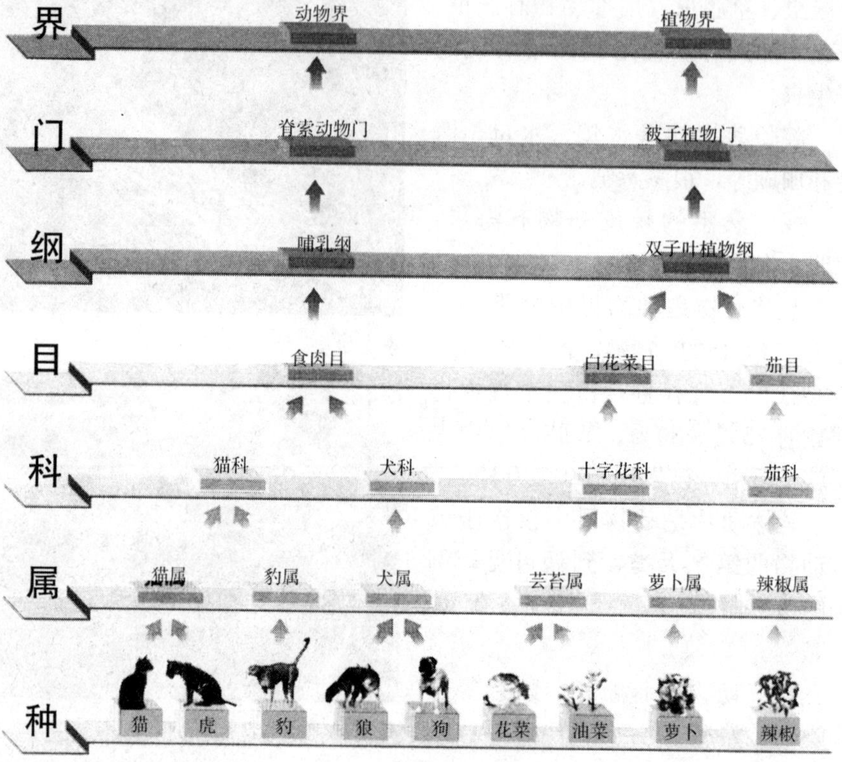

◆分类阶层举例

(超纲)、亚纲、次纲、总目(超目)、亚目、次目、总科(超科)、亚科等等。此外，还可增设新的单元如股、群、族、组等等，其中最常设的是族，介于亚科和属之间。

生物分类是研究生物的一种基本方法。生物分类主要是根据生物的相似程度(包括形态结构和生理功能等)，把生物划分为种和属等不同的等级，并对每一类群的形态结构和生理功能等特征进行科学的描述，以弄清不同类群之间的亲缘关系和进化关系。分类的依据是生物在形态结构和生理功能等方面的特征。分类的基本单位是种。分类等级越高，所包含的生物共同点越多；分类等级越低，所包含的生物共同点越少。

了解生物的多样性，保护生物的多样性，都需要对生物进行分类。拿人类作例子，人类属于动物界脊索动物门，哺乳纲，灵长目，人科，人属，智人种。

最早登陆的脊椎动物——两栖类

说到两栖动物，同学们可能有点陌生，一说到青蛙和蟾蜍（俗名癞蛤蟆），相信大家一定不陌生，夏日夜晚总能听到池塘边、田野里充满了蛙鸣声。而蛙类就是两栖纲里最大的那一目（无尾目）。

两栖类的来源

◆两栖动物

两栖动物是第一种呼吸空气的陆生脊椎动物，由化石可以推断，它们出现在3.6亿年前的泥盆纪后期，直接由鱼类演化而来。这些动物的出现，代表了动物进化中从水生到陆生的过渡期。两栖动物是最原始的陆生脊椎动物，既有适应陆地生活的新的性状，又有从鱼类祖先继承下来的适应水生生活的性状。多数两栖动物需要在水中产卵，发育过程中有变态，幼体（蝌蚪）接近于鱼类，而成体可以在陆地生活，但是有些两栖动物进行胎生或卵胎生，不需要产卵，有些从卵中孵化出来几乎就已经完成了变态，还有些终生保持幼体的形态。

两栖动物最初出现于古生代的泥盆纪晚期，最早的两栖动物牙齿有迷路，被称为迷齿类，在石炭纪还出现了牙齿没有迷路的壳椎类，这两类两栖动物在石炭纪和二叠纪非常繁盛，这个时代也被称为两栖动物时代。在二叠纪结束时，壳椎类全部灭绝，迷齿类也只有少数在中生代继续存活了一段时间。进入中生代以后，出现了现代类型的两栖动物，其皮肤裸露而光滑，被称为滑体两栖类。

小知识

两栖动物生命的初期有腮，当成为成虫时逐渐演变为肺。

万花筒

现代的两栖动物种类并不少，超过4000种，分布也比较广泛，但其多样性远不如其他的陆生脊椎动物，只有3个目，其中只有无尾目种类繁多，分布广泛。

蛙 类

◆青蛙，学名黑斑蛙

蛙类看起来长得都跟青蛙相似，可实际上我们所知道的青蛙、蟾蜍、雨蛙是分别属于三种不同的科属，只有青蛙才能算蛙科，而其他的分别属于蟾蜍科和雨蛙科。

蛙科是无尾目里种类最多的一个了，共约有50属670种。在我国也是大部分靠近水源的地区经常能见到的两栖动物。我们最常见的青蛙，学名黑斑蛙，又叫田鸡，在中国，从华北北缘到华南北缘

◆蟾蜍

◆中国最常见的华西雨蛙

的平原和丘陵地区最常见、数量很多。日本、朝鲜、苏联（亚洲部分东部）也有分布。雄蛙鸣叫时，颈两侧的外声囊膨胀成球状。体长70～80毫米。背面色黄绿、深绿、灰绿或略带灰棕，散有黑斑。背侧各有1条金黄色或浅棕色褶，褶间有4～6条长短不等、若断若续的肤棱。吻端至肛部常有1条浅色的脊线纹，趾间全蹼。黑斑蛙成蛙常栖息于稻田、池塘、湖泽、河滨、水沟内或水域附近的草丛中。黑斑蛙吞食大量昆虫，1昼夜捕虫可达70余只，是消灭田间害虫的有益动物。

蟾蜍科，蟾蜍科有24～31属340～360种，分布广泛，遍布大洋洲和马达加斯加以外的世界各地。蟾蜍是适应力很强的动物，可以生活于密林、高山、草原、甚至荒漠，我国最常见的两栖动物大概也要属蟾蜍（癞蛤蟆）了。蟾蜍虽然大小差别很大，但是相貌和习性均比较相似，都是些行动缓慢不擅跳跃的陆栖动物，皮肤粗糙而高度角质化，使得蟾蜍有较强的耐旱能力，蟾蜍能分泌毒素，可以制成蟾酥。蟾蜍非常贪食，人们用其来消灭害虫。癞蛤蟆平时栖息在小河池塘的岸边草丛内或石块间，白天藏匿在洞穴中不活动，清晨或夜间爬出来捕食。

雨蛙科，有40余属超过700种。中国的雨蛙仅有9种，除山东、山西、宁夏、新疆、青海、西藏外，其他各省（区）均有分布。中国的雨蛙体形较小。背面皮肤光滑，绿色；多

蟾蜍是农作物害虫的天敌，据科学家们观察研究，在消灭害虫方面，它要胜过漂亮的青蛙。它一夜吃掉的害虫，要比青蛙多好几倍。

生活在灌丛、芦苇、高秆作物上，或池塘边、稻田及其附近的杂草上。白天匍匐在叶片上，黄昏或黎明频繁活动。以金龟子、叶甲虫、象鼻虫、蚁类等为食。常常1只雨蛙先叫几声，然后众蛙齐鸣，声音响亮，特别是在下雨以后。3月下旬或4月初出蛰。4～6月在静水域内产卵。卵径1～1.5毫米。数十粒或数百粒卵成为1团，粘附在水草上。蝌蚪尾鳍高而薄，上尾鳍一般自体背中部开始；5月下旬有的即已完成变态；9～10月开始冬眠。

娃娃鱼

◆大鲵

大鲵是世界上现存最大的也是最珍贵的两栖动物。它的叫声很像幼儿哭声，因此人们又叫它“娃娃鱼”，是我国二类保护水生野生动物。属有尾目隐鳃鲵科大鲵属。

大鲵之所以珍稀少见，是因为其对栖息地的要求极为苛刻，它必须在水质清澈、含沙量不大、水流湍急、并且要有回流水的洞穴中生活。大鲵头部扁平、钝圆，口大，眼不发达，无眼睑。身体前部扁平，至尾部逐渐转为侧扁。体两侧有明显的肤褶，四肢短扁，指、趾前四后五，具微蹼。尾圆形，尾上下有鳍状物。大鲵的体色可随不同的环境而变化，但一般多呈灰褐色。体表光滑无鳞，但有各种斑纹，布满黏液。身体腹面颜色浅淡。

雌鲵每年7～8月间产卵，卵产于岩石洞内，每尾产卵300枚以上，剩下的抚育任务就交给了雄鲵。雄鲵把身体曲成半圆状，将卵围住，以免被水冲走或遭受敌害，直至2～3周后孵化出幼鲵，15～40天后，小“娃娃鱼”分散生活，雄鲵才肯离去。大鲵的寿命在两栖动物中也是最长的，在人工饲养的条件下，能活130年之久。

由于它肉嫩味鲜，所以长期遭到人们大量捕杀。各产地数量锐减，有的产地已濒临灭绝。目前面临的现实是大鲵这一珍贵野生资源，主要因为人的因素，尤其是生存环境丧失、栖息地遭到破坏以及过度利用，对大鲵生存造成了严重威胁，导致种群急剧下降，分布区成倍缩小，处于濒危状态。

◆大鲵

大鲵的心脏构造特殊，已经出现了一些爬行类的特征，具有重要的研究价值。而且，大鲵还是一种传统的名贵药用动物。

知识窗

大鲵生性凶恶，肉食性，以水生昆虫、鱼、蟹、虾、蛙、蛇、鳖、鼠、鸟等为食。捕食方式为“守株待兔”。大鲵一般都匿居在山溪的石隙间，洞穴位于水面以下。夜间静守在滩口石堆中，一旦发现猎物经过时，便进行突然袭击，因它口中的牙齿又尖又密，猎物进入口内后很难逃掉。它的牙齿不能咀嚼，只是张口将食物囫囵吞下，然后在胃中慢慢消化。

蝾　螈

◆蝾螈

蝾螈是有尾目蝾螈科两栖动物，体形和蜥蜴相似，但体表没有鳞，也是良好的观赏动物，是现在不少人热衷饲养的宠物之一（如六角恐龙）。它们大部分栖息在淡水和沼泽地区，主要是北半球的温带区域。它们靠皮肤来吸收水分，因此需要潮湿的生活环境。环境到0℃下后，它们会进入冬眠状态。目前存活的约有400种，它们一般生活在淡水和潮湿的林地之

◆六角恐龙，观赏宠物蝾螈

中，以蜗牛、昆虫、以及其他的小动物为食物。

蝾螈身体短小，有 4 条腿，皮肤潮湿，体长大约在 10～15 厘米，大都有明亮的色彩和显眼的模样。大多数蝾螈都通过皮肤和肺呼吸，但也有大约 250 种根本没有肺。无肺蝾螈只有通过皮肤和口腔呼吸，一些蝾螈居住在湍急的溪流里，那里水中含有氧气。陆居种类必须一直保持皮肤湿润，这样氧气才能通过皮肤上面的一层水进入血液。

中生代的动物霸主——爬行动物

爬行动物也是统治陆地时间最长的动物，它们主宰地球的中生代也是整个地球生物史上最引人注目的时代（约距今2.5亿～6500万年），那个时代，爬行动物不仅是陆地上的绝对统治者，还统治着海洋和天空，地球上没有任何一类其他生物有过如此辉煌的历史。现在虽然已经不再是爬行动物的时代，大多数爬行动物的类群已经灭绝，只有少数幸存下来，但是就种类来说，爬行动物仍然是非常繁盛的一群，其种类仅次于鸟类而排在陆地脊椎动物的第二位。

◆龟

龟类

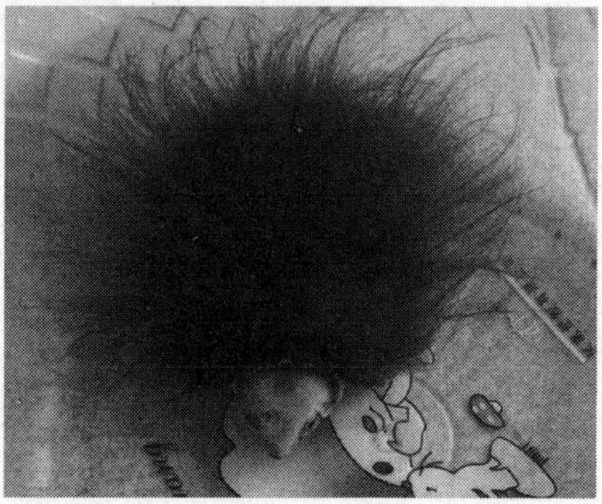

◆绿毛龟

龟是我们最常见的爬行动物，它们与鳖共同组成爬行纲里的一个目，叫龟鳖目。它们最早出现于距今2.5亿年前比恐龙都早。乌龟、海龟和甲鱼是我们最常见的龟鳖目成员了。而龟（俗称乌龟）是现存最古老的爬行动物。特征为身上长有非常坚固的甲壳，受袭击时龟可以把头、尾及四肢缩回龟壳内。大多数龟均为肉食性，以蠕虫、螺类、虾及小鱼等为食，亦食植物的茎叶。龟通常可以在陆上及水中生活，亦有长时间在海中生活的海龟。龟亦是长寿的动物，自然环境中有超过百年寿命的。

乌龟为变温动物。水温降到10℃以下时，即静卧水底淤泥或有覆盖物的松土中冬眠。冬眠期一般从11月到次年4月初，当水温上升到15℃时，出穴活动，水温18℃～20℃开始摄食。

绿毛龟是人们喜爱的观赏动物，它实际上是背甲上生育绿藻的金龟或水龟。

小知识

龟没有牙齿，行动缓慢，无攻击性。四肢粗壮，适于爬行，脚短或有桨状鳍肢（海龟），具有保护性骨壳，覆以角质甲片。壳分为上、下两半，上半部即背甲，下半部即胸甲，背甲与胸甲两侧相连。

蜥蜴

蜥蜴属于冷血爬虫类，和它出现在三叠纪时期的早期爬虫类祖先很相似。大部分是靠产卵繁衍，但有些种类已进化成可直接生出幼小的蜥蜴。

从北极到非洲南部、南美洲和澳大利亚皆有分布。蜥蜴的身体外形及大小在爬虫类中差异最大。体长从3厘米（壁虎）至3米（巨蜥）不等，体重最轻者不足1克，最重者达150千克。身体多细长，具长尾，多具4肢，除鼻孔、口、眼及泄殖腔开口外，体表覆以鳞片，有些种于头和体鳞下真皮内有骨鳞。鳞的表面覆以一层角蛋白。某些蜥蜴具鳞器官，鳞片的锯齿状边缘突出刚毛，可能用司触觉。许多蜥蜴，尤其是变色龙和安乐蜥，能改变体色，可从亮

◆红泰加（巨蜥）

蜥蜴俗称“四足蛇”，有人叫它“蛇舅母”，是一种常见的爬行动物。

绿色变为深褐色，体上线、带斑纹亦可忽隐忽现。变色机制为黑色素细胞中色素颗粒的移动，颗粒集中时色浅，分散时色深。有些蜥蜴颈部具可伸展的皮褶，头上有角或盔，或喉部有棘或皱褶等。头颅的前部由薄的软骨和膜构成。眼睑多可动，两眼之间隔以薄层垂直的眶间隔，眶后骨与鳞骨形成的骨杆上有一个颞孔。上腭能相对于颅的其他部分而运动，有方骨，口可大张便于吞食猎物。

◆变色龙

蜥蜴的捕食方式为静候或搜寻。许多蜥蜴能将尾部自割，断下的尾能迅速扭动以分散捕食者的注意，蜥蜴得以逃脱，例如壁虎。

蛇

蛇，由于其独特的外形，给人一种毛骨悚然的感受。俗语说得好：“一朝被蛇咬三年怕井绳。”其实，蛇跟蜥蜴有密切的亲缘关系，两者有许多相似的地方，周身覆盖以表皮衍生的角质鳞片，泄殖肛孔都是一横裂，雄性都有一对交接器，都是卵生（或有部分卵胎生种类），方骨可以活动，等等。

◆蛇

蛇是无足的爬虫类冷血动物的总称。身体细长，四肢退化，无足，无可活动的眼睑，无耳孔，身体表面覆盖有鳞。部分有毒，但大多数无毒。

蛇的出现大概在1.5亿年以前，毒蛇的

出现则要晚得多。它是由无毒蛇进化而来，在2700万年前才出现的。目前世界上的蛇约有3000种，其中毒蛇有600多种。蛇的个体差异很大。

蛇的记忆力很好，也非常记仇，能准确地认出曾经伤害过它的人，多年以后还会伺机进行报复。蛇的同类受到侵犯时，有时也会群起而攻。

万花筒

分布在加勒比群岛的马丁尼亚、巴巴多斯等岛上的线蛇，是世界上最短的无毒蛇，只有9厘米长，最长的线蛇王也不过11.94厘米。分布在东南亚、印尼和菲律宾一带的蟒蛇，一般都超过6.25米，最长的可达10米左右。而南美洲的水蟒更长，竟达11米以上，体重100多千克。已经证实蛇最重的记录，是1960年在巴西城发现的一条南美蟒蛇，重227千克，长8.46米，腰围111.76厘米。世界上最毒的蛇为海蛇，这种蛇出没在澳大利亚西北海岸的阿西莫暗礁附近，它每次分泌的微量毒液，就足以使上万只老鼠当场毙命。蛇的寿命一般在几年到二三十年之间。

知识库——有毒蛇与无毒蛇的区分

◆赤链蛇

怎样识别有毒蛇和无毒蛇呢？一般人单凭头部是否呈三角形或者尾巴是否粗短，或者颜色是否鲜艳来区分，这是不够全面的。虽然毒蛇头部呈明显的三角形，但也有的毒蛇，头部并不呈三角形；而无毒蛇中的伪蝮蛇，头部倒是呈三角形的。五步蛇、腹蛇和眼镜蛇的尾巴确实很粗大，但烙铁头的尾巴就较细长；很多色泽鲜艳的蛇，如玉斑锦蛇、火赤链蛇等并非是毒蛇，而蝮蛇的色泽如泥土或似狗屎样，很不引人注目，但却很毒。因此区别有毒和无毒蛇主要根据以下几点：

1. 毒腺　有毒蛇具有毒腺，无毒蛇不具有毒腺。毒腺是由唾液腺演化而来，位于头部两侧、眼的后方，包藏于颌肌肉中，能分泌出毒液。当毒蛇咬物时，包绕着毒腺的肌肉收缩，毒液即经毒液管和毒牙的管或沟，注入被咬对象的身体内使之中毒，无毒蛇无这一功能；

2. 毒液管　是输送毒液的管道，连接在毒腺与毒牙之间。只有毒蛇才具备有毒液管；

3. 毒牙　毒蛇具有毒牙，它位于上颌骨无毒牙的前方或后方，比无毒牙既长又大。

那么，哪些无毒蛇容易与有毒蛇混淆呢？

常被误认为是毒蛇的几种无毒蛇，由于外形特殊，色斑鲜艳，而且性情凶恶，所以常被当地一些群众视为是毒蛇而惊慌失措，其实这种蛇咬人时对人体是无害的，如赤链蛇（又叫火赤链）等。

万花筒

蛇是不会主动对人进攻的，除非你打到了它的身躯。如果你的脚踩上了它的时候，它会本能地马上回头咬你脚一口，喷洒毒液，令你倒下。当人们行走在山路上，“打草惊蛇”在此用得很恰当。你手执一根木棍，有弹性的木棍子最好。边走边往草丛中划划打打，如果草丛有蛇，会受惊逃避的。

恐　龙

恐龙是生活在距今大约2.35亿年至6500万年前的、能以后肢支撑身体直立行走的一类动物，支配全球陆地生态系统超过1.6亿年之久。如今，恐龙早已灭绝，我们只能从博物馆中的化石来了解那些曾经的地球霸主的样子。

实际上，人类发现恐龙化石的历史由来已久。早在发现禽龙之前，欧洲人就已经知道地下埋藏着许多奇形怪状的巨大骨骼化石。直到发现了禽龙并与鬣（liè）蜥进行了对比，科学界才初步确定这是一群类似于蜥蜴的

◆陆地恐龙复原图

◆鱼龙复原图

早已灭绝的爬行动物。

1842年，英国古生物学家理查德·欧文爵士（1804～1892）用拉丁文给它们创造了一个名称，这个拉丁文由两个词根组成，前面的词根意思就是“恐怖的”，后面的词根意思是“蜥蜴”。我们中国人则既有想象力又有概括力，把这个拉丁名翻译成了“恐龙”。其实，恐龙根本就不是蜥蜴。

今天我们所知有关恐龙的一切，都是由恐龙化石得来的。研究恐龙全凭化石。古生物学家们通过对恐龙化石的研究，推测恐龙的形态及习性。根据他们的研究，恐龙就像现生的动物一样：有大的，有小的；有的以两条腿走路，有的以四条腿走路；有的吃植物，有的吃动物，有的既吃植物也吃动物；有的皮肤光滑，有的皮肤上有鳞或骨板，更多的有羽毛。其共同相似之处是：所有的恐龙，脑子都很小（除了鸟及部分肉食恐龙），蛋下在陆地上（所有的恐龙都是如此）。

轶闻趣事——恐龙灭绝探秘

世界上已经发现的恐龙化石多达几百种，这样一个主宰地球1.6亿年之久的庞大动物类群，在白垩纪末期却突然消失，留下了生物史上令人费解的迷团。

传统观点认为：

1. 可能是因为小行星撞击地球或地壳运动造成的火山喷发或气候变化和食物不够，导致恐龙灭绝。

2. 可能是因为地表产生变化、植物变少，恐龙不适应环境变化，无法与占优势的鸟类与哺乳动物争食物，慢慢从地球上消失了。

3. 物种斗争说法。恐龙年代末期，最初的小型哺乳类动物出现了，这些动物属啮齿类食肉动物，可能以恐龙蛋为食。由于这种小型动物缺乏天敌，越来越多，最终吃光了恐龙蛋。

4. 大陆漂移说法。地质学研究证明，在恐龙生存的年代地球的大陆只有唯一一块，即“泛古陆”。由于地壳变化，这块大陆在侏罗纪发生了较大的分裂和漂移现象，最终导致环境和气候的变化，恐龙因此而灭绝。

5. 地磁变化说。现代生物学证明，某些生物的死亡与磁场有关。对磁场比较敏感的生物，在地球磁场发生变化的时候都可能因此而灭绝。由此推论，恐龙的灭绝可能与地球磁场的变化有关。

6. 被子植物中毒说法。恐龙年代末期，地球上的裸子植物逐渐消亡，取而代之的是大量的被子植物，这些植物中含有裸子植物中所没有的毒素，形体巨大的恐龙食量奇大，大量摄入被子植物导致体内毒素积累过多，终于被毒死了。

关于恐龙绝种的真正原因，自古以来即众说纷纭，目前为止仍是一个未解的谜题。

德国科学家最近提出，恐龙灭绝是由当时恶劣的“空间天气”造成的，也就是说，来自宇宙的强烈粒子流闯入地球大气并导致地球气候发生剧烈变化，从而致使恐龙灭绝。

目前科学界比较广泛认可的原因还是各种可能的综合效果。单一的原因很难导致恐龙灭绝，恐龙灭绝是由多方面原因共同造成的结果。

始祖鸟的后代——鸟类

鸟，我们平时最常见到的另一种动物，因为它们的存在，使得人类一直向往着天空，如今人类制造的飞机已经能翱翔蓝天，而人类飞上天空的历史不过百年，可鸟类已在天空飞翔了近1.5亿年了。

鸟类起源

◆始祖鸟复原图

鸟类通常是带羽、卵生的动物，有极高的新陈代谢速率，长骨多是中空的，所以大部分的鸟类都可以飞。全世界现有鸟类9000余种，我国有1329种。

鸟类可能是由侏罗纪蜥龙类进化而来。最早的鸟类表现出与恐龙中的虚古龙有明显的相似性。鸟类在白垩纪得到了很大的发展，到新生代开始，已与现代鸟类的结构无明显差别。可以推测，大约在2亿年前，从旧大陆的一支古爬行类动物进化成鸟类，逐渐随着鸟类的繁盛而扩展到新大陆。在适应多变环境条件的同时，鸟类发生了对不同生活方式的适应辐射。

鸟类是由古爬行类进化而来的一支适应飞翔生活的高等脊椎动物。它们的形态结构除许多与爬行类的相同外，也有很多不同之处。这些不同之处一方面是在爬行类的基础上有了较大的发展，具一系列比爬行类高级的进步性特征，如有高而恒定的体温，完善的双循环体系，发达的神经系统和感觉器官，以及与此联系的各种复杂行为等；另一方面为适应飞翔生活而又有较多的特化，如体呈流线型，体表被羽毛，前肢特化成翼，骨骼坚固、轻便而多有合，具气囊和肺，气囊是供应鸟类在飞行时有足够氧气的构造。气囊的收缩和扩张跟翼的动作协调。两翼举起，气囊扩张，外界空气一部分进入肺里进行气体交换。另外大部分空气迅速地经过肺直接进入气囊，未进行气体交换，气囊就把大量含氧多的空气暂时贮存起来。两翼下垂，气囊收缩，气囊里的空气经过肺再一次进行气体交换，最后排出体外。这样，鸟类每呼吸一次，空气在肺里进行两次气体交换，可见气囊没有气体交换的作用，它的功能是贮存空气，协助肺完成呼吸作用。气囊还有减轻身体比重、散发热量、调节体温等作用。这一系列的特化，使鸟类具有很强的飞翔能力，能进行特殊的飞行运动。

点　击

最早的鸟类大约出现在1.5亿年前。它们的身体呈纺锤形、前肢特化为翼，体表有羽毛，体温恒定，肌胸发达，骨骼愈合、薄、中空，脑比较发达。有气囊可以进行双重呼吸，没有膀胱则可以减少身体质量。这些身体特征都很适应飞翔。

广角镜——中华龙鸟

20世纪90年代末期，在全世界的古生物界掀起一场轩然大波。在中国辽宁的西部出土了珍贵的脊椎动物化石群枣热河生物群，这个生物群类型复杂、种类齐全，而其中就有众说纷纭的似鸟似龙的化石。起初，这件标本是由中国地质博物馆的季强博士进行研究的化石负模（仅是骨骼化石的印迹以及少量保留的化石），被认为是长有“羽毛”的较德国始祖鸟更加原始的鸟类，并命名为“中华龙鸟”，因为化石的产出层位接近于始祖鸟，而且形态又特别相似于恐龙，并且保留了当时认为是羽毛的珍贵特征，真是这样的话，在教科书上已经统治了100多年的最古老的、作为鸟类祖先的始祖鸟的历史可能会被改写，所以这一发现是举世惊人的，令世人刮目相看的。

◆中华龙鸟复原图

认为是鸟的，力争坚持承认是“羽毛”，但多数专家又对此有些怀疑，觉得还没有形成羽毛的结构，只是一些微绒毛，怎么能称为羽毛。用专家的话表述就是：再怎么说也改变不了形态清楚的恐龙的结构，有专业基础的一看便可知是恐龙。消息越传越广，中国科学院古脊椎动物与古人类研究所的专家后来对化石的采集层位作了取样测年，结果是距今1.246亿年，那么产化石的义县组的时代应该是白垩纪的早期，从时代上分析也不可能成为鸟的祖先，即便是鸟，也决不可能是其老祖先，因为始祖鸟的时代是距今1.45亿年的侏罗纪晚期，而传统的侏罗纪和白垩纪的划分界限的时间是距今1.44亿年，于是“中华龙鸟”是鸟类祖先的说法被提出质疑。这正如猿是人类的祖先（确切地说，南猿是人类的直接祖先）的说法被人们所质疑一样，在今天我们不是还可以看见和我们共存的类人猿吗？对此，我们不会说它是我们的祖先，不然祖先怎能和进步的后代共存呢？只能说是猿这一大类中的一支在进化过程中成为人。

知识窗

“中华龙鸟”化石传出不久，作为化石的另一半又出现在中国科学院南京古生物所，该所的专家鉴定后确认为恐龙，由于古生物的命名优先原则，也未对该名称作更改，但称为“中华鸟龙”似乎更为恰当、合适。两家的争议主要是：这块化石的外围靠近骨骼处的似毛发的东西到底是不是“羽毛”，这是首先要明白的事实。

鸟类之最

◆吸蜜蜂鸟

最小的鸟和最小的鸟卵 许多人都知道蜂鸟是世界上最小的鸟类，其实这种说法并不十分准确，因为全世界的蜂鸟有315种左右，分布于从北美洲的阿拉斯加到南美洲的麦哲伦海峡，以及其间的众多岛屿上。它们的体形差异也很大，最大的巨蜂鸟体长达21.5厘米，当然不能说它是世界上最小的鸟了。而产于古巴的吸蜜蜂鸟的体长只有5.6

厘米，其中喙和尾部约占一半，体重仅 2 克左右，其大小和蜜蜂差不多，这样的蜂鸟才是世界上体形最小的鸟类，它的卵也是世界上最小的鸟卵，比一个句号大不了多少。蜂鸟的羽毛大多十分鲜艳，并且闪耀着金属的光泽。它们的飞行本领高超，可以倒退飞行，垂直起落，翅膀振动的频率很高，每秒钟可达 50～70 次，所以有“神鸟”、“彗星”、“森林女神”和“花冠”等称呼。我国近几年有很多地方都声称发现了蜂鸟，其实都是误传。中国不产蜂鸟。蜂鸟还是羽毛最少的鸟类。

◆非洲鸵鸟

体形最大的鸟　世界上体形最大的现生鸟类是生活在非洲和阿拉伯地区的非洲鸵鸟，它的身高达 2～3 米，体重 56 千克左右，最重的可达 75 千克。但它不能飞翔。它的卵重约 1.5 千克，长 17.8 厘米，大约等于 30～40 个鸡蛋的总重量，是现今最大的鸟卵。

◆漂泊信天翁

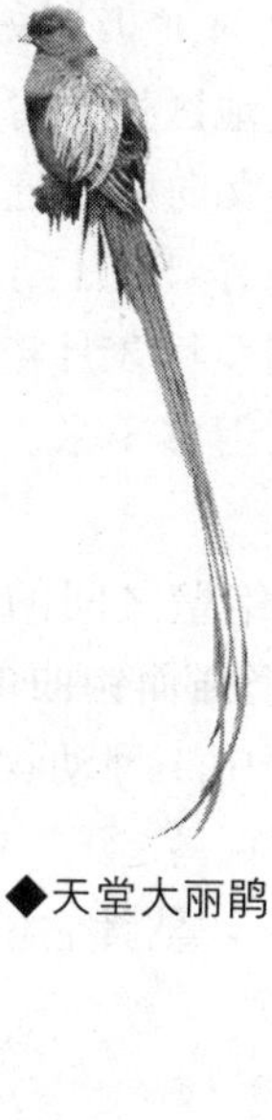

◆天堂大丽鹃

◆尖尾雨燕

◆小丘鹬

◆大天鹅

◆高山兀鹫

翼展最宽的鸟 漂泊信天翁，翼展达 3.63 米。

羽毛最长的鸟 天堂大丽鹃，尾羽是体长的 2 倍多。

飞行速度最快的鸟 尖尾雨燕平时飞行的速度为每小时 170 千米，最快时时速可达每小时 352.5 千米，堪称飞得最快的鸟。

飞得最慢的鸟 小丘鹬，每小时 8 千米。

飞行最高的鸟类 大天鹅和高山兀鹫是飞得最高的鸟类，都能飞越世界屋脊——珠穆朗玛峰，飞行高度达 9000 米以上，否则就可能会撞在陡峭的冰崖上丧生。

飞行最远的鸟类 北极燕鸥是飞得最远的鸟类。它是体形中等的鸟类，当南极黑夜降临的时候，便飞往遥远的北极，由于南北极的白昼和黑夜正好相反，这时北极正好是白昼。每年 6 月在北极地区生儿育女，到了 8 月份就率领儿女向南方迁徙，飞行路线纵贯地球，于 12 月到达南极附近，一直逗留到翌年 3 月初，便再次北行。北极燕鸥每年往返于两极之间，飞行距离达 4 万多千米。因为它总是生活在太阳不落的地方，人们又称它“白昼鸟”。

最凶猛的鸟 生活在南美洲安第斯山脉的悬崖绝壁之间的安第斯兀鹫，体长可达 1.2 米，两翅展开达 3 米。它有一个坚强而钩曲的“铁嘴”和尖锐的利爪，专吃活的动物，不仅吃鹿、羊、兔等中小型动物，甚至还捕食美洲狮等大型兽类，因此又有“吃狮之鸟”和“百鸟之王”的称呼。

最大的鸟类化石 最大的鸟类化石是隆鸟的化石，估计它的身高达 5

◆北极燕鸥

米左右，原来生活在马达加斯加岛上，在公元17世纪时绝灭。1649年，是当地居民能够捕杀到隆鸟的最后一年。之后，人们再也没有见过隆鸟。但据说200年后，在1849年，有人曾在马达加斯加南部的森林里发现了一枚隆鸟蛋，可惜的是没有发现成鸟。自此以后，人类再也没有发现过任何隆鸟的足迹，它的世界第一大鸟的称号也在人类的干涉之下让给了鸵鸟。

◆安第斯兀鹫

◆隆鸟复原图

种族繁盛遍全球——昆虫家族

◆苍蝇

昆虫可以说是与人类最亲密的一类动物了，它们遍布世界各地，可以说，有人类的地方就有昆虫。地球上最早的昆虫出现在4亿年前，时至今日，昆虫已经是地球上分布最广、最能适应环境且种类最多的生物，约有100多万种。下面我们就来了解一下这个庞大而陌生的昆虫世界。

了解身边昆虫

我们身边最常见的昆虫就要数苍蝇了。在生物学上，苍蝇属于典型的“完全变态昆虫”。20世纪70年代末统计，全世界蝇类就有64个科34000余种。苍蝇具有一次交配可终身产卵的生理特点，一只雌蝇一生可产卵5～6次，每次产卵数约100～150粒，最多可达300粒左右。一年内可繁殖

知识广播

其实，在生态系中，苍蝇的幼虫扮演动植物分解者的重要角色。苍蝇的成虫由于嗜食甜物质，因此也能代替蜜蜂用于农作物的授粉和品种改良。它对人类也是有帮助的，临床医学上，活蝇蛆可接种于伤口之中，起杀菌清创、促进愈合之作用。富含蛋白质的蝇蛆又是重要的饵料、饲料。

10～12 代。苍蝇多以腐败有机物为食，因此常见于卫生较差的环境。苍蝇具有舐吮式口器，会污染食物，传播痢疾等疾病。这也是它令人讨厌的一个原因。

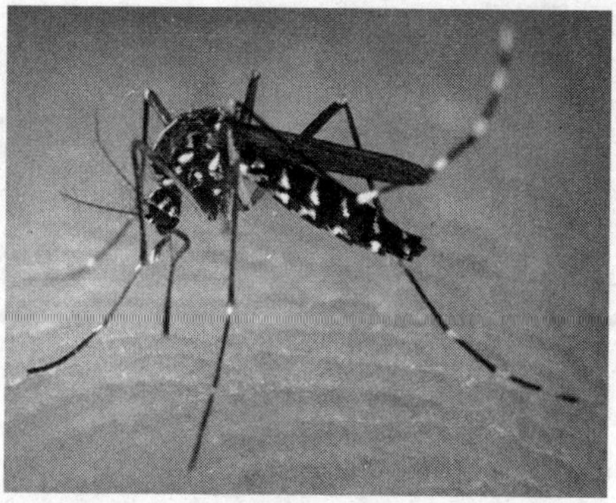

◆雌蚊子

蚊子是一种具有刺吸式口器的纤小飞虫。通常雌性以血液作为食物，而雄性则吸食植物的汁液。吸血的雌蚊是登革热、疟疾、黄热病、丝虫病、日本脑炎等其他病原体的中间寄主。这也是人类要清除蚊子的原因。除南极洲外各大陆皆有蚊子的分布。其中，以按蚊属、伊蚊属和库蚊属最为著名。全球约有 3000 种蚊子。蚊子的唾液中有一种具有舒张血管和抗凝血作用的物质，它使血液更容易汇流到被叮咬处。被蚊子叮咬后，被叮咬者的皮肤常出现起包和发痒症状。但是，痒的感觉并不是因为短针刺入或唾液里的化学物质而引起的。我们会觉得痒，是因为体内的免疫系统在这时会释出一种称为组织胺的蛋白质，用以对抗外来物质，而这个免疫反应引发

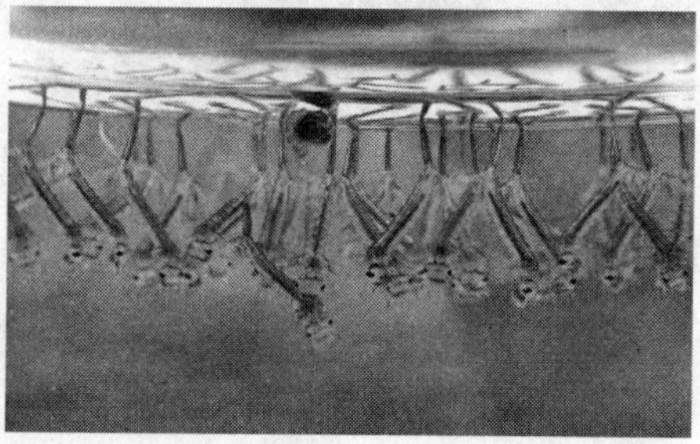

◆蚊子幼虫——孑孓

知识窗

蚊子每次叮咬吸吮大约五千分之一毫升的鲜血，每次饱餐一顿之后，蚊子通常是在出生地 2 千米范围内活动，不过最远活动距离可达 180 千米。每只雌蚊子一生产卵总数约为 1000～3000 个，它们一般把卵子产于水面，两天后孵化成为水生的幼虫——孑孓（jié jué）。孑孓以水中的藻类为食，它们经历 4 次脱皮后才成长为蛹，漂浮在水面上，最终蛹表皮破裂，幼蚊诞生。蚊子的生活史包括卵、幼虫、蛹、成虫 4 部分，也是属于完全变态的昆虫。

◆蟑螂

◆蚂蚁

了叮咬部位的过敏反应。当血液流向叮咬处以加速组织复原时，组织胺会造成叮咬处周围组织的肿胀，此种过敏反应的强度因人而异，有的人对蚊子咬的过敏反应比较严重。

蟑螂学名蜚蠊（fěi lián），属昆虫纲蜚蠊目，世界已知约 3700 种，大多分布在热带和亚热带区，少数分布于温带地区。我国已记载 18 科 60 属 240 种，全国各地均有分布。为渐变态昆虫，生活史有卵、若虫和成虫 3 个发育阶段。蟑螂能通过体表或体内（以肠道为主）携带多种病原体而机械性地传播疾病。蟑螂本身所造成的直接损害就是骚扰人们的睡眠和休息，特别是它还主动侵袭婴幼儿，导致咬伤或引起过敏、瘙痒；直接损害物品；引起人们皮肤与呼吸系统的变态反应。蟑螂有极强的生命力，头被切掉后还可存活一星期以上，最后渴饿而死。

蚂蚁是地球上最常见的昆虫，数量最多的昆虫种类。由于各种蚂蚁都是社会性生活的群体，在古代通称“蚁”。据现代形态科学分类，蚂蚁属于蜂类。

蚂蚁是一种有社会性的生活习性的昆虫，属于膜翅目，蚂蚁的触角呈明显的膝状弯曲，腹部有一两节呈结节状，一般都没有翅膀，只有雄蚁和没有生育的雌蚁在交配时有翅膀，雌蚁交配后翅膀即脱落。蚂蚁是完全变态型的昆虫，要经过卵、幼虫、蛹阶段才发展成成虫，蚂蚁的幼虫阶段没有任何能力，它们也不需要觅食，完全由工蚁喂养，工蚁刚发展为成虫的头几天，负责照顾蚁后和幼虫，然后逐渐地开始做挖洞、搜集食物等较复杂的工作，有的种类蚂蚁工蚁有不同的体型，个头大的，头和牙也发展得大，经常负责战斗保卫蚁巢，也叫兵蚁。蚂蚁目前有21亚科283属。

小知识

当一窝蚂蚁达到一定数量时，蚁后就提前繁殖出雄性蚂蚁和雌性蚂蚁，时机成熟后雌性蚂蚁飞出窝巢交配后建立自己的窝巢开始繁殖后代成为一个新的家族。

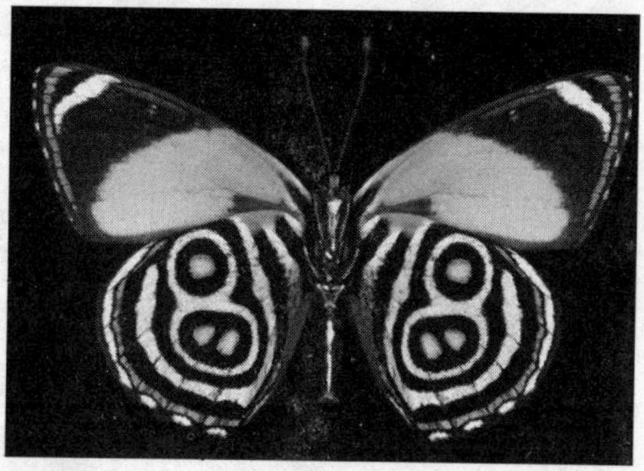
◆蝴蝶

蝴蝶属鳞翅目的锤角亚目，俗名蝴蝶。全世界大约有15000余种，大部分分布在美洲，尤其在亚马孙河流域品种最多，在世界其他地区除了南北极寒冷地带以外都有分布。在亚洲，台湾也以蝴蝶品种繁多著名。蝴蝶一般色彩鲜艳，翅膀和身体有各种花斑，头部有一对棒状或锤状触角。最大的蝴蝶展翅可达24厘米，最小的只有1.6厘米。大型蝴蝶非常引人注目，专门有人收集各种蝴蝶标本，在美洲“观蝶”迁徙和“观鸟”一样，成为一种活动，吸引许多人参加。有少部分种类的蝴蝶是农业和果木的主要害虫。蝴蝶、蛾和弄蝶都被归类为鳞翅目。它们从白垩纪起随着作为食物的显花植物而演进，并为之授粉。它们是昆虫演进中最后一类生物。都属完全变态昆虫。

怎样识别昆虫？

只要留意观察，我们身边的确存在很多昆虫，可那些虫子都是昆虫吗？有人说蜘蛛、蝎子、蜈蚣等都是昆虫。其实不是这样的。昆虫在分类学上有其自己的特征。下面就来介绍一下其主要特征。

1. 身体的环节分别集合组成头、胸、腹三个体段；

2. 头部是感觉和取食中心，具有口器（嘴）和1对触角，通常还有复

◆蜘蛛

眼及单眼；

3. 胸部是运动中心，具3对足，一般还有2对翅；

4. 腹部是生殖与代谢中心，其中包含着生殖器和大部分内脏；

5. 昆虫在生长发育过程中要经过一系列内部及外部形态上的变化才能转变为成虫。这种体态上的改变称为变态；

6. 会鸣叫的昆虫是雄性，雌性不会鸣叫。

因此，昆虫的基本特征可以概括为：体躯三段头、胸、腹，2对翅膀6只足；1对触角头上生，骨骼包在体外部；一生形态多变化，遍布全球旺家族。不符合这些特征的生物都不属于昆虫家族。

蜘蛛、蝎子的身体分为头胸部和腹部两段，还长着8条腿，所以不是昆虫。蜈蚣的腿就更多了，几乎每一环节（体节）上都有1～2对足，当然就更不是昆虫了。事实上，蜘蛛和蝎子是属于蛛形纲动物，而蜈蚣则属于多足纲动物。

美丽的蝴蝶

“邮差蝴蝶”是分布在中美洲到巴西南部地带的蝴蝶。翅膀上的亮红色是对潜在的敌人发出警告——“我”是有毒的，吃了“我”只会让你痛不欲生。这个信号的传递，称为“警戒作用”。有一些无毒的蝴蝶也伪装成有毒蝴蝶的样子，让捕食者敬而远之。

◆邮差蝴蝶

“猫头鹰蝶”，之所以如此命名，是因为它们翅膀上巨大的眼状斑纹。它的功能是显而易见的——模仿瞪大眼睛的猫头鹰脸来恐吓附近的掠食者。事实上，生物学家还没有证实这些眼状斑纹是不是为了吓跑那些掠食者。它也可能是作为诱饵，让猎食者袭击它们的翅膀而不是它们易受伤的身体。

◆猫头鹰蝶

蓝色大闪蝶翅膀泛着淡蓝色荧光。它们的这种钴蓝色并非来自色素，而是其翅膀上成千上万的半透明鳞片，这些鳞片可以滤出可见光中的蓝光，并使之从翅膀上散发出来。它们能在天敌接近的时候快速地拍动翅膀产生一道闪光，用以吓跑天敌。这种热带蝴蝶不吃花蜜，而是汲取腐烂水果的果汁。它们最喜欢的是芒果汁、猕猴桃汁和荔枝果汁。

◆蓝色大闪蝶

透翅蝶有着独一无二的梦幻色彩。其翅脉间的组织是透明的，看上去像玻璃一样，因此而得名。像其他透明翅膀的蝴蝶和飞蛾一样，它的翅膀薄膜没有色彩也没有鳞片覆盖，这使得它们是透明的。这种透明度有助于这种原产于南美热带雨林的透翅蝶轻易地逃离捕食者的视线。虽然透明蝴蝶对人们来说很稀奇，但其实它在原生地的数量并不少，未被列入珍稀物种。

◆透翅蝶

许多蝴蝶都设法将自己隐藏起来，以避开注意力。但有一个情况例外，那就是在交配的季节，昆虫都希望得到异性的注意。

雄性的豹纹蛱蝶喜欢炫耀它们华丽的橙色，这可能在向雌性发出这样的信号：这样显眼的目标物还活着，那其必须有良好的基因。豹纹蛱蝶是雌雄二形，这意味着雌性不会很引人注目。因为它们无需给交配对象留下深刻的印象，雌性翅膀的颜色是褐色、黑色和白色。

◆豹纹蛱蝶

昆虫之最

◆犀金龟

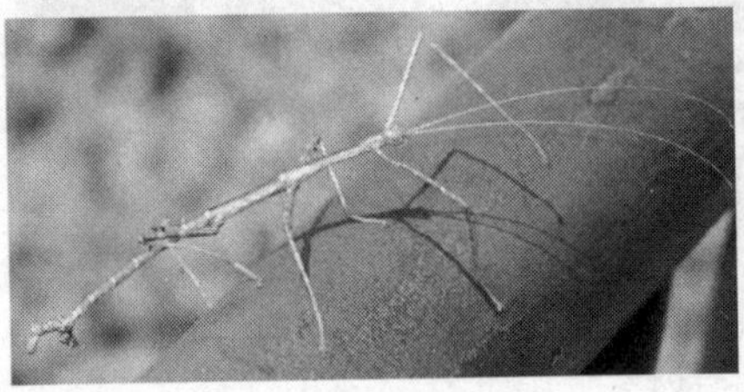

◆竹节虫

从重量来说，世界上最重的昆虫是热带美洲的巨大犀金龟（鞘翅目犀金龟科）。这种犀金龟从头部突起到腹部末端长达155毫米，身体宽100毫米，比一只最大的鹅蛋还大。其重量竟有约100克，相当两个鸡蛋的重量。另外，巴西产的一种天牛（鞘翅目天牛科）体长也有150多毫米。但从体长来说，最长的昆虫是生活在马来半岛的一种竹节虫，叫尖刺足刺竹节虫。其体长有270毫米，比一支铅笔还要长。世界上最小最轻的昆虫是膜翅目缨小蜂科的一种卵蜂，体长仅0.21毫米，其重量也极其轻微，只有0.005毫克。折算一下，20万只才1克，1000万只才有一个鸡蛋那么重。

最高级的脊椎动物——哺乳动物

哺乳动物是一种恒温、脊椎动物，身体有毛发，大部分都是胎生，并藉由乳腺哺育后代。哺乳动物是动物进化史上最高级的阶段，也是与人类关系最密切的一个类群。

人类的近亲

◆猩猩

人类属于灵长目动物，我们的近亲包括猩猩、黑猩猩、长臂猿、大猩猩、猕猴、猴等高级灵长类动物。人类与类人猿虽然有许多相似之处，但是也存在着一些明显差异，因此在分类学上虽然都属于灵长目，人类被列为人科，而类人猿则被列为类人猿科。

灵长目是哺乳纲的一目，动物界最高等的类群。大脑发达；眼眶朝向前方，眶间距窄；手和脚的趾（指）分开，大拇指灵活，多数能与其他趾（指）对握。

灵长目的多数种类鼻子短，其嗅觉次于视觉、触觉和听觉，金丝猴属和豚尾叶猴属的鼻骨退化，形成上仰的鼻孔。长鼻猴属的鼻子大又长。多数种类的指和趾端均具扁甲，跖行性。长臂猿科和猩猩科的前肢比后肢长得多。猿类和人无尾，在有尾的种类中，其尾长差异很大，卷尾猴科大部分种类的尾巴具抓握功能。该目包括 11 科约 51 属 180 种，主要分布于亚洲、非洲和美洲温暖地带。大多栖息林区。灵长类中体型最大的是大猩猩，体重可达 275 千克，最小的是倭狨，体重只有 70

◆大猩猩

◆猕猴

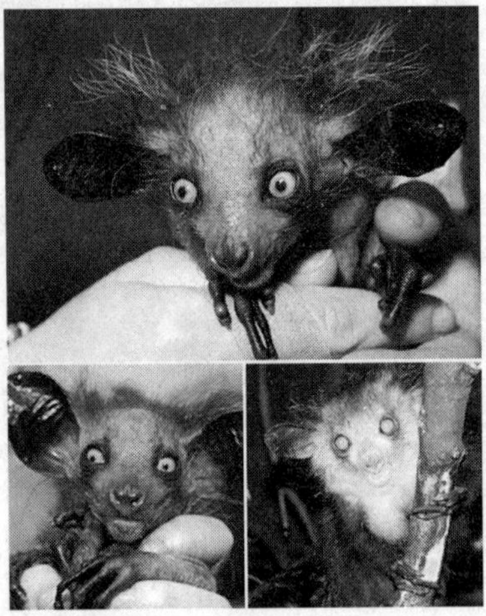

◆狐猴

克。大多为杂食性，选择食物和取食方法各异。这是适应环境的结果。

每年繁殖1～2次，每胎1仔，少数可多到3仔。幼体生长比较缓慢。性成熟的雌性有月经，雄性能在任何时间交配（低等猴类除外）。

在灵长目中最早出现的是一些发现于欧洲和北美的近猴类化石。它们具爪而不具指甲。牙齿为三楔式低冠齿，比较一般化，但门齿增大，似平放的凿子。近猴类多发现于古新世（距今6500万年～5300万年）地层。

自始新世（距今约5300万年～3650万年）开始狐猴类出现，早期的都归入已绝灭的兔猴科，它们的分布范围广，亚洲、北美、欧洲均曾发现。现在狐猴只分布于马达加斯加岛和科摩罗群岛，尚未发现可靠的化石。懒猴（又译瘦猴）现代只生存于东南亚和南亚、非洲撒哈拉以南的热带地区，化石发现于东非的中新世地层。眼镜猴类化石发现稍多，从始新世起发现于欧、亚、北美等地。近猴、狐猴、眼镜猴类常通称为原猴类或低等灵长类。

灵长目动物大多是社会性动物。它们的生活和迁徙都是成群结队进行的。其规模大小根据种类的不同而不同。在群体中，有一只雄性成年的个体是整个群体的领导者。

人类与其他灵长目动物不仅体质特征很相似，而且社会行为也很相近。一般认为这主要是由于它们的大脑很发达，因此它们的行为方式也比其他动物复杂。

◆长臂猿

非人灵长目动物的一个重要的社会行为是侵略行为。这种行为一般是通过姿势来恐吓对手，而不是通过激烈的搏斗来表现。搏斗一般只用于争夺在群体中的领袖地位时才用。灵长目动物具有很强的等级制度。雄性领袖具有优先挑选食物、选择雌性的特权，并且有下级的成员服侍。但是在他受伤或生病时，他就有可能失去这种地位。

◆黑猩猩

由于灵长目动物与人类有很近的亲缘关系，其生活方式也可能与最早的人类相仿。因此对研究人类的祖先有很大的帮助。

知识库——灵长类为何“灵长”?

灵长类为何“灵长”呢?

首先，绝大多数灵长类都栖息在树上，这一点与大多数哺乳动物不同。在树上生活对于灵长类来说是不同寻常的。它们脚下没有土地可支撑，因此必须用四肢抓握树干。与此相适应，它们的四肢末端由早期哺乳动物的爪子逐渐转变为每个手指都能够单独活动的手；最后，拇指还能够与其余的各个手指对握。可想而知，这样的演化必定能够改善灵长类在树枝间活动所需要的抓握能力；更重要的是，拇指和食指指尖的对握可以形成环状，从而大大提高了手掌抓握物体的准确度。这一进化特征的出现不仅对早期灵长类搜寻昆虫等食物非常有利，而且对于后来灵长类可以用手灵巧地摆弄各种物体、直至最后能够制造和使用工具打下了基础。

灵长类具备了一套独特的感觉器，能够把触觉、味觉、听觉尤其是色觉和立体视觉感受到的各种信息输入脑中。脑接收外界的信息与日俱增，进而能够把各种信息分类排比，最终产生了智力的发展。这样的智慧，是任何其他动物都没有的，这也就是为什么我们把这类动物叫做“灵长类”的原因。

万花筒

与手部的灵巧活动相配合，灵长类发展了立体的视觉。双眼向前望着几乎是相同的目标，脑部就可以接受一对视觉的影象。经过大脑的处理，影象就产生了深度、形象和距离的感觉。这样对灵长类在林间腾越行进是非常重要的。灵巧的手加上立体视觉，就使得灵长类能够从三维空间观察物体，用手把物体任意移动和拨弄。这都是灵长类充分掌握四周环境特质的先决条件，也是激发好奇心的原动力。灵长类还发展出辨认颜色的能力，这很可能与它起源于大眼睛的早期夜行性哺乳动物有关。

哺乳动物之最

最大的哺乳动物：蓝鲸

蓝鲸亦称“剃刀鲸”，是世界上目前最大的哺乳动物，它分布广泛，从北极到南极的海洋中都有。

◆蓝鲸

蓝鲸是真正的海上巨兽，平均长度约 26 米，最高记录 33.5 米，平均体重 150 吨。这样的巨兽需要大量的食物，一头成年蓝鲸一天消耗 100 万卡左右的热量，相当于 1 吨磷虾。

在其生命的头七个月，幼鲸每天要喝 400 升母乳。幼鲸的生长速度很快，体重每 24 小时增加 90 千克。由于蓝鲸巨大的体积，我们不能直接称它的体重。大部分被捕杀的蓝鲸都不是整头上秤的，捕鲸人在称重之前将其切成合适的大小。因为血液和其他体液丧失，这种方式低估了蓝鲸的体重。即使这样，有记载 27 米长的鲸重达 150～170 吨。蓝鲸以浮游生物为食，主食磷虾。一头蓝鲸每天消耗 2～4 吨食物，摄食时游速每小时 2～6 千米，被追逐时最大时速20～48 千米。一般进行10～20 次小潜水后接一次深潜水，浅潜水间隔 12～20 秒，深潜水可持续 10～30 分钟。喷出雾柱狭而直，高 6～12 米。蓝鲸大约 10 岁性成熟，北蓝鲸于秋末冬初产仔和交配，南半球是在南方的冬季交尾，7 月是高峰期。繁殖期南北半球相差半年。孕期 10～11 个月，仔鲸长 6～7 米，重约 6 吨。哺乳期半年，断奶时长可达 16 米。其寿命估计为 30 岁到 90 岁。

最大的陆生哺乳动物：非洲象

非洲成年象确实强悍，一般体重 4 吨以上，大的可将近 10 吨。近年来经研究表明，非洲象有两种：非洲草原象和非洲森林象。常见的非洲草原象是世界上最大的陆生哺乳动物，耳朵大且下部尖，不论雌雄都有长而弯的象牙，性情及其暴躁，会主动攻击其他动物。

◆非洲象

非洲森林象耳朵圆，个体较小，一般不超过 2.5 米高，前足 5 趾，后足 4 趾（和亚洲象相同），象牙质地更硬。最近根据基因分析证明，它和非洲草原象不是同一个种类。

雄性和雌性非洲象呈二态性，雌雄两性在体形或身体特征上都有所不同。雄性肩高约 3 米，重约 5000～6000 千克，而雌性肩高约 2.5 米，重约 3000～3500 千克。平均寿命 60～70 岁。

最高的哺乳动物：长颈鹿

◆长颈鹿

长颈鹿是一种生长在非洲的反刍偶蹄动物，是世界上最高的陆生动物。雄性个体高达4.8～5.5米，重达900千克。雌性个体一般要小一些。主要分布在非洲的埃塞俄比亚、苏丹、肯尼亚、坦桑尼亚和赞比亚等国，生活在非洲热带、亚热带广阔的草原上。但是，长颈鹿的祖籍却在亚洲。据古生物学家研究认为，长颈鹿起源于亚洲。

长颈鹿雌雄都有外包皮肤和茸毛的小角，眼大而突出，位于头顶上，适宜远望。遍体具棕黄色网状斑纹。原来它的祖先并不高，主要靠吃草为生，后来自然条件发生变化，地上的草变得稀少，它们为了生存，必须努力伸长脖子吃高大树木上的树叶。这样一代代延续下来，长颈鹿就变成现在这个样子了。

跑得最快的哺乳动物：猎豹

猎豹又称印度豹，是猫科动物的一种，也是猎豹属下唯一的物种，现在主要分布在非洲与西亚。同其他猫科动物不同，猎豹依靠速度来捕猎，而非偷袭或群体攻击。猎豹是陆上奔跑最快的动物，全速奔驰的猎豹时速可以超过110千米，相当于百米世界冠军的三倍快。猎豹不仅是陆地上速度最快的哺乳动物，也是猫科动物成员中历史最久、最独特和特异化的品种。

◆猎豹

猎豹主要分布于非洲，曾生活在亚洲的印度，印度的猎豹也叫印度豹，但已灭绝。

在北美的得克萨斯、内华达、怀俄明，

曾发现了目前世界上最古老的猎豹的化石，那时候的猎豹大约是生存在一万年以前。那时是地球上最后一次冰期。所谓的冰期地球气候变冷，在地球的两端即南北极覆盖着大面积的冰川，故称为冰期。那时猎豹还广泛地分布于亚洲、非洲、欧洲和北美洲。冰期时气候变化导致大批动物死亡，生活在欧洲和北美洲的猎豹以及亚洲、非洲部分地区的猎豹便都灭绝了。

知识库——哺乳动物哪些地方进化了？

哺乳动物具备了许多独特的特征，因而在进化过程中获得了极大的成功。

最重要的特征是：智力和感觉能力的进一步发展；保持恒温；繁殖效率的提高；获得食物及处理食物的能力增强；体表有毛、胎生，一般分头、颈、躯干、四肢和尾五个部分；用肺呼吸；体温恒定，是恒温动物；脑较大而发达。哺乳和胎生是哺乳动物最显著的特征。胚胎在母体里发育，母兽直接产出胎儿。母兽都有乳腺，能分泌乳汁哺育仔兽。这一切涉及身体各部分结构的改变，包括脑容量的增大和新脑皮的出现，视觉和嗅觉的高度发展，听觉比其他脊椎动物有更大的特化；牙齿和消化系统的特化有利于食物的有效利用；四肢的特化增强了活动能力。有助于获得食物和逃避敌害；呼吸、循环系统的完善和独特的毛被覆盖体表，有助于维持其恒定的体温，从而保证它们在广阔而复杂的环境条件下生存。胎生、哺乳等特有特征，保证其后代有更高的成活率及一些种类的复杂社群行为的发展。

不吃不拉睡过冬——冬眠

我们所知道的不少动物都会冬眠，最有名的就是熊。确实，有很多动物都有冬眠的习惯。只要你注意观察，你就会发现很多动物到了冬天不见了，很可能就是冬眠了。下面我们就来看看哪些动物喜欢冬眠？动物为什么要冬眠？

哪些动物会冬眠

◆北极熊

熊是一种典型的冬眠动物，不过不是所有的熊都冬眠，位于亚热带和热带地区的黑熊往往不冬眠，大熊猫也是一种不冬眠的熊。熊冬眠时间可持续4～5个月，在冬眠过程中如果受到惊动它会立即苏醒，偶然也会出洞活动。熊冬眠的洞穴一般选在向阳的避风山坡或枯树洞内。除冬眠期外，熊没有固定的栖息场所。除了发情交配期外，其余时间熊都单独活动。

熊属哺乳动物食肉目熊科动物。大多数熊食性很杂，既食青草、嫩枝芽、苔藓、浆果和坚果，也到溪边捕捉蛙、蟹和鱼，掘食鼠类，掏取鸟卵，更喜欢舔食蚂蚁，盗取蜂蜜，甚至袭击小型鹿、羊或觅食腐尸。北极熊比较特殊，主要吃鱼和海豹。熊冬眠时的体温只会下降约4℃，不过心跳速率会减缓75%。熊一旦开始冬眠后，它的能量来源就从饮食转换为体内储存的脂肪。脂肪燃烧时，新陈代谢会产生毒素。但熊在冬眠时，细胞会将这些毒素分解为无害的物质，再重新循环利用。这种生化作用也让熊可以回收体内的水分，因此熊在冬眠时不会排尿。

◆蝙蝠

◆刺猬

◆冬眠的睡鼠

蝙蝠是另一种会冬眠的哺乳动物，每当天气变冷它们就不见了踪影，夏天傍晚是它们最活跃的时期，也是我们常能见到它们的时期。蝙蝠是翼手目动物的总称，翼手目是哺乳动物中的第二大类群，现生物种类共有19科185属962种，除极地和大洋中的一些岛屿外，分布遍于全世界。蝙蝠主要依靠回声来辨别物体，有一些种类的面部进化出特殊的增加声纳接收的结构，如鼻叶、脸上多褶皱和复杂的大耳朵。蝙蝠是唯一一类演化出真正有飞翔能力的哺乳动物。大多数蝙蝠以昆虫为食。蝙蝠捕食大量昆虫，故在昆虫繁殖的平衡中起重要作用，甚至可能有助于控制害虫。蝙蝠居住在各类大、小山洞，古老建筑物的缝隙、天花板、隔墙以及树洞、山上岩石缝中，而一些南方食果的蝙蝠还隐藏在棕榈、芭蕉树的树叶后面。有些蝙蝠种群上千只在一起，有些蝙蝠雌雄在一起生活，有些则是雌雄分开栖息。温带的穴居蝙蝠一般都

◆黄鼠

冬眠。

刺猬也是一种会冬眠的哺乳动物，是杂食性动物，是属于哺乳动物中的猬形目。在野外，刺猬主要靠捕食各种无脊椎动物和小型脊椎动物以及草根、果、瓜等植物为生。入冬后进入冬眠，要足足睡上五个月才肯重新出来活动。刺猬是异温动物，它们不能稳定地调节体温，使其保持在同一水平。刺猬在各地都有冬眠现象。刺猬在巢穴中冬眠时，体温下降到9℃。呼吸1～10次/分钟。冬眠中的刺猬会偶尔醒来，但不吃东西，很快又入睡了。冬眠的刺猬如果过早地醒来会被饿死的。

其他冬眠的动物还有青蛙（两栖动物）、蛇（爬行动物），大部分昆虫以及蛛形纲动物蝎子也会冬眠。气温达到－5℃～－9℃时，蝎子就会进入冬眠状态。还有啮齿类动物栗鼠、欧洲睡鼠、金仓鼠也都冬眠。

为什么会冬眠

为什么动物会冬眠？为此，科学家进行过长期的探索。

夏天，科学家从人工条件下进行冬眠的黄鼠身上抽出血液，注射到活蹦乱跳的黄鼠静脉里，结果它像被麻醉一样很快进入昏睡的冬眠状态。

◆旱獭

看来，在冬眠动物的血液中，可能含有一种能诱发冬眠的物质。实验还表明，冬眠时间越长的动物，其血液诱发冬眠的作用越强烈。

那么，这种诱发冬眠物质是什么呢？

据研究，这是一种存在于血清中的颗粒状物质，有时这种物质也会粘附到红细胞，因而使红细胞也有了诱发冬眠的作用。

奇怪的是，在正常情况下，动物对外来物质总是排斥的，但冬眠中的动物例外。科学家抽出冬眠旱獭（土拨鼠）的血清，注射到黄鼠的血液中，黄鼠不但不产生排斥反应，反而呼呼入睡，进入冬眠了。

科学家的不断探索又带来了新的信息，在动物的血液中，还存在着另一种与冬眠物质相对抗的物质。这种物质在血液中达到一定量时，就使冬眠的动物苏醒过来。

这样看来，动物何时开始冬眠，不仅取决于诱发物质，而且也取决于诱发物质和抗诱发物质比例的变化。科学家判断冬眠的动物可能一年到头都在“制造”诱发物质。抗诱发物质可能是在进入冬眠后开始产生的，并且其产量是沿直线上升，直到春暖花开才逐渐减少。当抗诱发物质在血液中的浓度足以控制诱发物质的时候，动物才能从冬眠中苏醒过来。

至今，人们仍然未完全揭开动物冬眠的奥秘，探索还在进行，科学家认识到，研究动物冬眠不仅妙趣横生，而且在航天与医学上有重大实用价值。

独特的语言——动物的交流方式

我们都知道动物不会说话，那么它们通过什么交流呢？下面大家将会看到，其实动物的交流方式也跟我们人类一样丰富。

声音交流

自然界中的动物发出的声音并不是无缘无故的，都是在与同类进行信息交流。比如蟋蟀能利用翅膀摩擦发出的像乐曲一般清脆动听的声音，来表现它们的种种“感情”。当雌雄相处时，声调轻幽，犹如情人窃窃私语；当独处一方时，它就发出高亢的强音来招引朋友。鸟类就是通过叫声来就交配、繁殖、地盘划界、年龄、健康状况等问题进行交流。研究人员发现，加州南部的歌雀可通过发出同类鸣叫声化解肢体冲突，如果没有成功，鸟儿便开始用鸣叫声就争夺地盘问题进行谈判。维赫伦坎普说，能与

◆蟋蟀

◆歌雀

邻居共用多种类型鸣叫声的雄鸟最为成功。要想成功推动地盘谈判，雄性歌雀就必须迅速学会邻家鸟儿的鸣叫声。

动物中声音交流用得最多的就数哺乳动物了，因为它们都和人类一样有发声系统（声带）及声音接收和处理系统（内耳和听觉神经），比如鲸鱼、海豚、狮子、老虎等哺乳动物。

许多动物都会发出声音，这些声音往往成为动物之间交流信息的独特的声音语言。

气味语言

有些动物常常以特殊的气味（信息素）来达到引诱异性、追踪目标、鉴别敌友、发出警报、标明地点、集合或分散群体等目的。这种气味虽然没有声响，可也算是一种语言。例如蜂王通过分泌一种唾液产生的气味招引工蜂来为自己服务。雌蛾产生的气味能引诱距离很远的雄蛾；蚂蚁利用味觉和嗅觉彼此进行联系，识别同窝伙伴。雄鹿在求偶时，它会用身上的芳香腺往树上擦，于是树上便留下了自己的气味，雌鹿闻到它的气味以后就会循踪而至。

◆蛾子

◆梅花鹿

蚂蚁的行动为什么总是团结一致，像是个个都带了移动电话时时保持联络似的，它们到底有什么法宝呢？蚂蚁的确有自己的一套办法联络同伴。虽然它们分散到各处觅食，只要有谁发现了食物，除了赶

◆蚂蚁

紧衔一小块回巢去之外，沿途还会记得分泌出芳香信号，紧急通知同伴前来支援。附近闻到香味的蚂蚁会一路嗅着这条芳香路线找到食物，大家通力合作，将所有食物搬回窝巢。这些沿着香味移动的蚂蚁就形成了一排长长的队伍，有秩序地前行。蚂蚁分泌的这种芳香物质称为信息素，由于它的挥发性大，几分钟过后食物都运回了窝巢，香味也就消失不见了，免得再有蚂蚁前来，结果扑了空。

信息素由体内腺体制造，直接排出散发到体外，信息素依靠空气、水等传导媒介传给其他个体。从低等动物到高等哺乳动物都有信息素。由于信息素靠外环境传递，故又称外激素。生物异种之间相互作用的化学物质叫作种间信息素或异种信息素。昆虫之间的异种信息素有利己素、利他素、信号素等。信息素主要有性信息素、聚集信息素、告警信息素、示踪信息素、标记信息素等。

行为语言

◆黑猩猩

比起声音、气味语言，动物的行为语言就丰富多了。动物会运用各种不同的行为来表达它们的意思，这也是一种无声的语言。例如长颈鹿在发觉危险时会用猛烈的惊跑来向同伴传达警报；野猪在平时总是把尾巴转来转去，一旦觉察到有危险就会扬起尾巴，在尾尖上打个小卷给同伴报警；蜜蜂在发现蜜源以后就会用特别的“舞蹈”方式（如“8”字形摆尾舞）向同伴通报蜜源的远近和方向。人类在表达很多意思时，语言可

◆蜜蜂飞舞

能不是最准确的，行为动作有时候更能表达人的内心。每个人乃至每个动物，对同类做出的行为都展现了他们对对方表现出的心理状态。

知识库——光语言

◆萤火虫

夏秋的晚上，当你走在田间小路上时，就会发现路边矮树丛和田野间点点萤火一闪一闪的，这就是我们熟悉和喜爱的萤火虫发出的光。萤火虫发光是为了照亮道路吗？其实不然。萤火虫发光主要是为了联络伙伴，吸引异性，还能向同伴发出“警报”。

那么萤火虫为什么会发光呢？原来在它腹部末端的皮肤下面有一层黄色粉末。这层黄色的粉末是由数以千计的发光细胞以及反光层组成的，在发光细胞周围密布着小气管和密密麻麻的纤细神经分支。发光细胞中的主要物质是荧光素和荧光酶。当萤火虫开始活动时，呼吸加快，体内吸管阻止氧气大量进入，氧气通过小气管进入发光细胞，荧光素在细胞内与起着催化剂作用的荧光酶互相作用时，荧光素就会活化。产生生物氧化反应，导致萤火虫的腹部发出亮光来。同时，由于萤火虫不同的呼吸节律，又形成时明时暗的“闪光信号”。

人类的朋友——家养动物

你们知道家里养的小猫小狗为什么叫唤，为什么不吃东西，怎么跟它们交流，它们眼中的世界是个什么样子吗？

狗

◆狗

狗，一种常见的犬科哺乳动物。通常被称为“人类最忠实的朋友”，也是饲养率最高的宠物。其寿命约为10到30多年。

狗是人类最早驯养的动物之一，这一点毋庸置疑。它被驯化的年代大约在一万年前的新石器时期。在西安半坡文化遗址的先民生活区中，曾发现为数众多的狗的骨殖。此外，甘肃秦安大地湾新石器文化遗址出土的彩陶壶上，也发现了4只家犬的形象，而且都描绘得生动可爱。这都说明，当时人与狗之间的关系相当明确，狗已经成为人类的亲密伙伴。

在中国，从新石器时代的遗址中已不断有关于狗的发现。例如在距今7000～6500年前的浙江余姚县河姆渡遗址，发现有狗的骨架；在河北省武安县距今7000年前的磁山遗址，发现有狗头骨的前半部和下颌骨，从其构造上来看，无疑属于驯养成熟的狗，与它的祖先——狼相比，差异甚大。

正如它的祖先狼是食肉动物一样，狗在生理上也没有改变这一特征，在喂养时需要在饲料中配制较多的动物蛋白和脂肪，辅以素食成分，以保

◆狗

◆狗

证狗的正常发育和健康的体魄。狗的排便中枢不够发达，不能在行进中排便，所以我们要给它一定的排便时间。狗喜欢啃咬。这也是原生态时撕咬猎物所留下的习惯。我们在喂养时不定期要经常给它一些狗骨头（狗咬胶，不能喂它禽类的骨头，猪牛的也最好别喂，否则有可能会噎着），以利于磨牙用。狗有独特的自我防御能力，吃进有毒食物后能引起呕吐反应而把有毒食物吐出来。炎热的夏季，狗大张着嘴巴垂着长长的舌头，靠唾液中水分蒸发来散热。狗在群居时也有“等级制度”和主从关系。建立这样一种秩序便可以保持群体的稳定，减少因为食物、生存空间的争夺而引起恶斗。狗在卧下的时候总是在周围转一转，看看周围有没有什么危险，确定无危险后才会安心地睡觉。狗的颈部、背部喜欢被人爱抚。尽量不要摸头顶，因为这样会让它感觉到压抑和眩晕。此外，屁股和尾巴摸不得。

狗对陌生人的行为准则是根据自己视线的高度来判断对手的强弱。陌生人一靠近，从上面下来的压迫感会使它不安，若采用低姿势，它便会接受你。如果比它眼睛看到的高度更低时，会使它更安心。狗的弱点在右边，它会为保护右边而行动。当它在被追得走投无路时会让自己的右侧靠墙，把左侧面对敌人。这种习性是狗与生俱来的本能。

在记忆力方面，狗对曾经和它有过亲密相处的人似乎永不会忘记他的声音，同时自己住过的地方也能记得。但也有人认为狗是靠它的感官灵敏性来识别熟人的声音和认识地方的。狗生病时会本能地避开人类或者其他狗，躲在阴暗处去康复或死亡，这是一种“返祖现象”。

万花筒

狗的社会中也有一定规则，它们决不攻击倒下露出肚子的对手。狗将肚子朝天躺着睡时表示它很放心或很信任，才会让人看到或是让人摸它的肚子。狗喜欢人甚于喜欢同类，这不仅是由于人能照顾它，给它吃住。更主要原因是狗跟人为伴，建立了感情。狗对自己的主人有强烈的保护心。狗具有领地习性，就是自己占有一定范围并加以保护，不让其他动物侵入。它们利用肛门腺分泌物使粪便具有特殊气味，趾间汗腺分泌的汗液和用后肢在地上抓画，作为领地记号。狗的嫉妒心非常强，当你把注意力放在新来的狗身上忽略了对它的照顾时，它就会愤怒，不遵守已养成的生活习惯，变得暴躁和具有破坏性。狗也有虚荣心，喜欢人们称赞表扬它。

知识库——狗的起源

◆藏獒，一种原始犬种

狗起源于狼，目前已经得到了共识，但围绕着具体的发源地和时间则是众说纷纭。到目前为止，最早的狗化石证据是来自德国14000年前的一个下颌骨化石，另外一个是来源于中东大约12000年前的一个小型犬科动物骨架化石。这些考古学证据支持狗是起源于西南亚或欧洲，而另一方面，狗的骨骼学鉴定特征提示狗可能起源于狼，由此提出了狗的东亚起源说。此外，不同品种的狗在形态上极具丰富的多样性，似乎又倾向于狗起源于不同地理群体的狼的假说。所以仅靠考古学，很难提供狗起源的可靠线索。

中瑞科学家组成的研究小组研究了来自五大洲的654只狗，分析了它们体内一种通过母系遗传的叫做“线粒体DNA”的遗传物质的碱基排列后发现，这些

> 彼得·萨沃莱南说：“许多早期的研究基于中东地区少量的考古材料，认为该地区是狗的起源地，而实际上，那里只是驯化过其他的一些动物，而不是狗。”

狗拥有几乎相同的基因。他们认为，人类与狗的友好渊源可以追溯到1.5万年前，当时，东亚的人类首先开始驯化狼等动物，并在漫长的岁月里逐渐把驯化的狗带到了欧洲，甚至穿过白令海峡带到了美洲。

认为东亚，是因为东亚地区的狗的基因类型最为丰富，科学家通过基因测试，推断该地区应该就是狗的发源地，而不是过去人们一直认为的中东地区。同时，通过和狼的基因的对比，他们认为1.5万年前，由几种不同的狼分化出了狗。

猫

猫属于食肉动物。像狗一样，猫也是我们人类的好朋友，已经被人类驯化了3500年，但未像狗一样完全地被驯化，这从平时观察自家饲养的家猫的行为中能看出来，它们与人类不如与同类亲近。

◆猫

◆猫

研究表明，猫不吃老鼠，夜视能力就会有所下降，会长期丧失夜间活动的能力。德国海德堡大学有一份研究称，老鼠体内有一种牛黄酸的物质，可以增强生物的夜视能力，而猫体内不能自己合成该物质，只能通过吃老鼠进行补充。猫一天中有半天处于睡觉状态，猫在一天中有14～15小时在睡眠中度过，还有的猫要睡20小时以上，所以猫就被称为“懒猫”。但是，你要是仔细观察猫睡觉的样子就会发现，只要有点声响，猫的耳朵就会动，有人走近的话就会腾地一下子起来了。本来猫是狩猎动物，为了能敏锐地感觉到外界的一切动静，它睡得不是很死。

看到猫在高墙上若无其事地散步，轻盈跳跃，不禁折服于它的平衡感。这主要得益于猫的出类拔萃的反应神经和平衡感。它只需轻微地改变尾巴的位置和高度，就可取得身体的平衡，再利用后脚强健的肌肉和结实的关节，就可敏捷地跳跃，即使在高空中落下，也可在空中改变身体姿势，轻盈准确地落地。所谓“猫的肢体语言”，就是猫用耳、尾、毛、口、身子来表达自已的心情和欲望。猫要是窝在人的脚下、身旁，用头蹭你的话，是亲热的表现。如果猫把从嘴边分泌出来的一种气味蹭到你身上的话，就表示它想把你占为己有。要是猫的喉咙里发出叽里咕噜的声音，就表明它心情很好。还有，要是猫像鸭子孵蛋一样前脚往里弯的话，就表示它的安心和依赖。

一般猫在临死前会预感到自已将要死去，它会回到它的主人家“道个别”，然后找个无人知晓的地方，独自死去。

广角镜——猫的视力

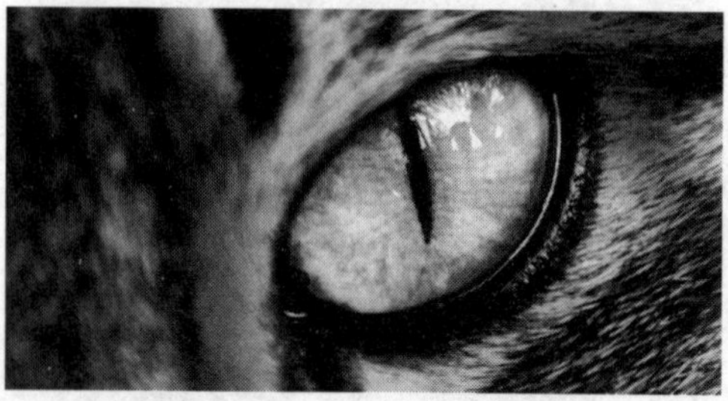

◆猫眼

其实猫在白天的视力比人类差很多，但由于猫眼有异乎寻常的收集光线能力，加上它那高性能的听力及惊人的集中力，所以也能在黑夜中视物，甚至可说光线越暗猫咪看得越清楚。猫之所以能在黑暗中视物，是由于它具有发达的眼角膜，其弯曲的晶状体比人类的大得多，因此猫的晶状体的角膜位置相比人类的离视网膜近些，为了使光线精确聚焦，两者的曲率增大了，能搜集的光线当然多了。

猫的眼球比人的小而圆些，视野角度比人眼的更宽阔。猫的瞳孔可以随光线强弱而扩大或收闭。在强光下，猫眼的瞳孔可以收缩成一条线，而在黑暗中，猫的瞳孔可以张得又圆又大。还有猫眼底有反射板，可将进入眼中的光线以两倍左右的亮度反射出来，所以当猫在黑暗中瞳孔张得很开时，在光线反射下猫眼好像会发出特有的绿光或金光，给人一种神秘的感觉。

猫是色盲，很多科学家认为，猫只能看见蓝、绿色，但猫不关心颜色。双眼视觉对猫这一类捕猎动物十分重要。因为它必须能准确地判断里程，以便计算到达捕猎目标的距离。当动物的两眼的视场重叠，即可产生立体视觉效应，重叠范围越大，立体效应就越强，越准确。猫判断距离的能力比人类差、比狗强些。人眼的视场重叠范围比猫眼大得多，而狗眼的则比猫眼的小。

家 禽

◆家鸡

家禽，人类为了经济目的或其他目的而驯养鸟类。家禽的饲养驯化，在中国已有数千年的历史，培育出不少世界名贵品种。如由绿头鸭驯化成的家鸭中，北京鸭是良好的品种，年产 70～120 个蛋，而且制成的北京烤鸭，其美味已驰名中外。另外一些常见的家禽有：由大雁驯化而成的鹅，由原鸡驯化成的家鸡等。家禽除提供人类肉、蛋外，它们的羽毛和粪便也有重要的经济价值。

鸡是人类饲养最普遍的家禽。家鸡源自于野生的原鸡，其驯化历史至少约 4000 年，但直到 1800 年前后，鸡肉和鸡蛋才成为大量生产的商品。鸡的种类有火鸡、乌鸡、野鸡等。

家鸭是常见的家禽。隶属于鸟纲、雁形目、鸭科，头大而圆，嘴长而扁平，边缘呈锯齿状，颈部较长，尾短。家鸭在世界各地均有饲养，栖息于池塘附近，性情胆怯，喜欢集群，杂食性，每年产卵 100～300 枚，孵化期为 26～28 天。

◆家鸭

鹅已有 4000 多年历史，它是灰雁和原鹅改良的品种。

◆鹅

体色呈白色和灰色，额部有橙黄色或黑褐色肉质突起，雄的突起较大，像戴了顶帽子；颈长，嘴扁而阔，脚上趾间有蹼。它身躯庞大，完全失去飞行能力，在地上行走不便，但在池塘或在河流中却能自如畅游。